뮐더가 들려주는 단백질 이야기

뮐더가 들려주는 단백질 이야기

ⓒ 최미다, 2010

초   판   1쇄 발행일 | 2006년 7월 5일
개정판   1쇄 발행일 | 2010년 9월 1일
개정판 11쇄 발행일 | 2021년 5월 31일

지은이 | 최미다
펴낸이 | 정은영
펴낸곳 | (주)자음과모음

출판등록 | 2001년 11월 28일 제2001-000259호
주   소 | 04047 서울시 마포구 양화로6길 49
전   화 | 편집부 (02)324-2347, 경영지원부 (02)325-6047
팩   스 | 편집부 (02)324-2348, 경영지원부 (02)2648-1311
e-mail | jamoteen@jamobook.com

ISBN 978-89-544-2098-3 (44400)

뮐더가 들려주는

단백질 이야기

| 최미다 지음 |

|주|자음과모음

뮐더를 꿈꾸는 청소년을 위한
'단백질' 이야기

　인간의 생명을 유지하기 위해서는 여러 종류의 영양소가 필요합니다. 이들 영양소는 주로 식품 속에 함유되어 있지만 때로는 인체 내에서 합성되기도 하고, 섭취된 영양소가 체내에서 다른 영양소로 전환되기도 합니다.

　우리가 필수 영양소라고 일컫는 중요한 영양소로는 탄수화물, 지방, 단백질, 무기질, 비타민, 물이 있습니다. 이 책에서는 그중에서 단백질에 대한 이야기를 다루었습니다. 즉, 단백질의 역할, 기능, 소화, 흡수 및 대사와 필요량, 결핍증 등에 대하여 궁금한 점을 중심으로 구성했습니다.

　단백질에 대한 지식이 전혀 없었던 때부터 시작하여 단백질의 중요성, 단백질과 질소의 관계, 나아가서 유전 인자를 발견하고 합성할 수 있다는 것을 알아내기까지 끈기 있게 노력한 과학자들의 탐구적인 태도와 정신을 이 책을 통해 전하고 싶습니다.

경제적으로 어려워서 단백질의 섭취가 부족했던 시대에서 벗어난 오늘날에는 오히려 편중되고 잘못된 지식으로 인해서 단백질 영양에 문제가 생길 수 있습니다.

단백질은 유전 인자와 밀접한 관계가 있고 합성, 분해를 하는 등 매우 복잡한 영양소입니다. 그래서 다소 어려운 부분도 있지만, 우리 신체에서 제일 우위의 영양소인 만큼 여러분이 단백질에 대해 올바른 지식을 갖게 되기를 바랍니다.

끝으로 이 책을 쓸 때 함께 있어 준 아들 도형이와 가족에게 고마움을 전합니다. 또한 이 책이 나오기까지 많은 정성과 수고를 아끼지 않은 자음과모음 직원들에게도 감사드립니다.

최 미 다

차례

1

단백질이 무엇인지
궁금해요

단백질의 유래와 의미를 알아보고,
우리 몸에서 단백질로 되어 있는 조직을 알아봅시다.

1

첫 번째 수업

단백질이 무엇인지
궁금해요

뮐더가 자신을 소개하며
첫 번째 수업을 시작했다.

단백질의 발견

안녕하세요, 나는 여러분과 함께 단백질 이야기를 나눌 뮐더입니다. 만나게 되어 반갑습니다.

나는 네덜란드 출생의 화학자로서 '단백질'을 발견했어요.

여러분들은 단백질이 무엇인지 알고 있나요?

__ 잘 몰라요.

그럼 내가 어떻게 단백질을 발견하게 되었는지부터 얘기해 줄게요.

나는 동식물의 세포에 대한 연구를 하다가 질소를 발견하였습니다. 그리고 몇 가지 물질을 분석해서 질소와 인, 유황이 공통 결합으로 되어 있다는 것도 알아냈어요.

나는 질소로 된 물질들을 단백질(protein)이라 하고 Pr.로 표시했답니다. 그 후 많은 연구가 진행되면서 다른 생리학자와 화학자들이 이 이름을 받아들여 널리 사용하게 되었지요.

나는 연구를 통해 단백질의 물리적, 화학적 특성에 따라 화학 반응이 다르게 나타나는 것을 증명했어요. 그것이 이후 단백질 연구의 기초가 되었답니다.

단백질 연구

여러 과학자들에 의해 단백질 연구는 계속되었어요. 단백질과 알칼리를 함께 끓였더니 암모니아가 나온 결과도 발표되었고, 달걀 단백질에서 다른 단백질의 2배나 되는 암모니아가 발생한다는 것도 알게 되었어요. 또한 동물의 살 조직과 털을 황산으로 분해시켜서 아미노산을 얻는 방법으로 여러 가지 다른 아미노산이 있다는 사실도 증명되었답니다.

이러한 사실들을 근거로 실험한 결과, 단백질은 여러 종류의 아미노산들이 결합되어 만들어졌음이 밝혀졌습니다. 단백질의 영양가도 그것을 구성하고 있는 아미노산에 의하여 결정된다는 것을 알았지요.

해를 거듭하면서 연구를 계속한 결과, 중요한 아미노산들이 발견되었고, 급기야는 여러 가지 아미노산의 혼합물을 가지고 동물을 기르는 데 성공하였답니다.

무슨 동물로 실험하였는지 궁금하지요? 처음에 실험한 동물은 돼지였어요. 체중과 모든 조건이 비슷한 돼지 2마리 중 1마리에게는 4%의 질소가 들어 있는 콩가루를 먹이고, 나머지 1마리에게는 2%의 질소가 들어 있는 보릿가루를 먹였습니다.

일정 기간 동안 2마리의 돼지를 각각 다른 사료로 키워 3일간 질소 배설량을 측정한 후에, 또 다시 10일간 질소 배설량을 측정하였어요. 섭취한 질소의 양은 섭취한 사료의 양으로, 배설되는 질소의 양은 소변에서 나온 질소로 측정하였답니다.

그 결과 콩가루를 먹인 돼지가 배설하는 질소의 양이 보릿가루를 먹인 돼지의 2배였어요. 물론 콩가루를 먹인 돼지가 더 잘 자랐지요.

이것은 1854년에 영국에서 한 동물 실험이에요. 이 실험

결과는 분명하고 정확하였지만 그 당시에는 관심을 끌지 못했어요. 하지만 수십 년이 지난 후에 단백질의 종류가 다르면 영양 가치가 화학적으로 다르다는 것이 확인되었어요. 즉, 단백질의 영양 가치가 식품마다 다르다는 것이 확인되었다는 것입니다.

단백질이란?

앞의 사실에서 단백질이 무엇인가를 정리해 볼까요?
단백질이란 동물의 몸을 구성하고 성장시키는 물질이며, 어떤 단백질 식품을 먹었느냐에 따라 발육에 차이가 있어요.

그래서 단백질이 우리 몸을 구성하는 데 매우 중요하다는 것을 알게 되었답니다.

단백질이 무엇인지 좀 더 이해할 수 있도록 설명할게요. 요즘은 키가 크고 멋진 몸매나 근육이 돋보이는 사람들을 모두 부러워하지요. 늘씬한 키는 물론이고, 근육 있는 멋진 몸매, 그리고 건강하고 윤기 있는 머릿결에 피부, 손톱, 발톱까지 모두 단백질 영양과 관련이 있습니다. 그래서 적당량의 단백질 음식을 먹는 것은 건강한 미남, 미녀가 되는 비결이라고 해도 지나친 표현이 아니에요.

그런데 외모보다 더 중요한 것이 있어요. 그것은 단백질이 건강과도 관련이 있다는 사실이에요.

몸의 조직이나 세포를 해롭게 해서 때로는 죽음에 이르게까지 할 수 있는 병원균, 바이러스가 우리 몸에 침입할 때 신체는 어떻게 반응할까요? 바이러스의 정체를 알 수도 있고 모를 수도 있지요. 그런데 신기하게도 우리 몸은 침입한 바이러스를 그냥 두지 않아요. 우리 몸은 병원균을 물리치는 항체를 만들어 건강을 유지한답니다. 항체도 물론 단백질로 되어 있어요.

그래서 단백질을 잘 챙겨 먹는 사람들은 병원균에 대항해서 이길 수 있는 능력이나 면역 기능이 좋으므로 질병 없이 건강하게 지낼 수 있는 것입니다. 이제 단백질이 얼마나 중요한지를 알았지요?

그러면 왜 내가 단백질이라고 이름을 붙였을까요? 영어로는 'protein'이라고 하는 단백질은 그리스 어원인 'proteios'에서 기원했는데, '중요한, 첫 번째'라는 의미를 가진답니다. 모든 생물은 단백질 없이는 생명을 유지할 수 없으므로 '꼭 필요한 필수 영양소'라는 뜻으로 풀이될 수 있지요. 실제로 몸의 구성물 중에서 단백질은 수분 다음으로 많아요.

그리고 근래에 연구된 바에 의하면 '중요한, 첫 번째'란 의미에 걸맞게 단백질은 유전 정보를 갖고 있으며, 몸 안의 대사를 수행하는 생명체의 기본 단위 물질임이 밝혀졌답니다.

대사란 몸 안에서 물질의 움직이는 변화를 말합니다. 즉, 단백질 음식을 먹으면 몸 안에서는 유전 정보를 가진 아미노산들이 여러 단계의 합성과 분해를 거쳐 단백질 대사를 하고 소변까지 만들어 내지요.

운동을 하고 있군요.

네, 멋진 몸을 만들고 있는 중이에요.

운동과 함께 단백질을 섭취하면 멋진 몸을 만드는 데 도움이 될 거예요.

단백질? 몸매?

단백질이요? 단백질하고 몸매하고 무슨 관계가 있나요?

단백질이란 동물의 몸을 구성하고 성장시키는 물질이에요. 근육 있는 멋진 몸매, 윤기 있는 머릿결에 피부, 손톱, 발톱까지 모두 단백질의 영향을 받고 있지요.

와~, 단백질이 우리 몸에 정말 중요하군요.

그뿐만이 아니에요. 단백질은 병원균에 대항해서 이길 수 있는 능력이나 면역 기능이 좋으므로 질병 없이 건강하게 지낼 수 있는 것입니다.

그런데 단백질이라는 말은 무슨 뜻인가요?

영어로는 'protein'이라고 하는 단백질은 그리스 어원인 'proteios'에서 기원했는데, '중요한, 첫 번째'라는 의미를 가졌답니다.

단백질의 어원
= proteios
= 중요한, 첫 번째

근래에 연구된 바에 의하면 단백질은 그 의미에 걸맞게 중요한 유전 정보를 가지고 있으며, 몸 안의 대사를 수행하는 생명체의 기본 단위 물질이라고 해요.

단백질은 정말 중요하군요.

2

단백질이 필요해요

우리 몸에 필요한 단백질의 양은 어떻게 정해졌는지,
그리고 그 종류에는 무엇이 있는지 알아봅시다.

2

두 번째 수업

단백질이 필요해요

뭘더는 우리 몸을 이루고 있는
단백질을 찾아보자며
두 번째 수업을 시작했다.

단백질로 이루어진 조직

우리 몸에 단백질이 얼마나 중요한지는 지난 시간에 알아
봤어요. 그러면 우리 몸의 어떤 부분이 단백질로 되어 있는
지 알아볼까요?

사람뿐 아니라 동물의 살아 있는 조직은 대부분이 단백질
로 되어 있어요. 단지 특성이 다를 뿐이에요. 피부, 머리카
락, 날개, 손톱 및 뿔 등은 대부분이 케라틴이라는 단백질로
되어 있어요. 동물의 근육은 70%가 물이고, 20%가 미오신,

나는
단백질 덩어리야

머리카락 – 케라틴 단백질
근육 – 미오글로빈 단백질
뼈 – 콜라겐 단백질
혈액 – 헤모글로빈 단백질

액틴, 미오글로빈이라고 불리는 단백질이지요. 효소, 호르몬 면역체도 단백질로 구성되어 있고 뼈에도 단백질이 많이 들어 있어요. 그러므로 우리 몸을 단백질 덩어리라고 표현하는 것도 지나친 표현은 아니에요.

단백질의 평균 필요량과 권장 섭취량

이렇게 우리 몸의 많은 부분이 단백질로 이루어졌는데, 그것을 유지하고 성장시키려면 음식물로 섭취해 주는 단백질이 필요합니다. 그렇다면 얼마나 먹어야 몸을 유지하고 성장시킬 수 있는지 알아야 되겠죠.

그래서 우리 몸이 하루에 단백질을 얼마나 필요로 하는지를 알려 주는 평균 필요량과 어느 정도까지 먹어야 좋은지 권장하는 양을 정하게 되었답니다. 단백질의 하루 평균 필요량과 권장 섭취량을 알아볼까요? 다음의 연령별 단백질 영양 섭취 기준표를 보세요.

연령별 단백질 영양 섭취 기준표

성별 \ 섭취 기준	연령(세)	평균 필요량(g)	권장 섭취량(g)
남자	6~8	20	25
	12~14	40	50
	15~19	45	60
	20~29	45	55
	30~49	45	55
	65~74	40	50
여자	6~8	20	25
	12~14	35	45
	15~19	35	45
	20~29	35	45
	30~49	35	45
	65~74	35	45

12~14세 남자의 경우 1일 평균 필요량이 40g 정도이고 여자의 경우는 35g 정도입니다. 1일 권장하는 섭취량은 12~14

세 남자의 경우 50g, 여자의 경우 45g이랍니다.

그렇다면 그 양은 어떤 음식을 어느 정도 먹어야 하는 양일까요?

식품 100g당 단백질이 얼마만큼 들어 있는지 다음 그래프를 살펴보세요.

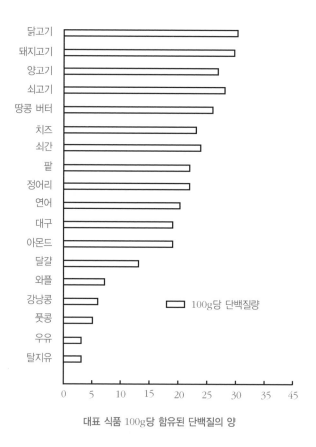

대표 식품 100g당 함유된 단백질의 양

쇠고기는 100g에 단백질이 약 26g 들어 있어요. 그리고 12~14세 남자의 경우 하루에 50g 정도의 단백질을 먹으라고 권장하므로 쇠고기로 먹었을 때 192g 정도 먹으면 됩니다. 한국을 기준으로 따지면 1근이 600g이므로 $\frac{1}{3}$근 정도 먹으라는 말입니다.

달걀을 예로 들어 볼까요? 보통 달걀 1개의 무게는 50g 정도입니다. 그리고 달걀 100g에는 12g 정도의 단백질이 들어 있으므로 달걀 50g짜리 1개에는 6g 정도의 단백질이 들어 있는 것이지요.

그러므로 12~14세 남자의 경우 달걀로만 단백질 권장 섭취량을 채우려면 하루에 약 8개를 먹어야 돼요. 그러나 달걀

단백질 섭취를 위해 하루에 내가 먹으면 좋은 양은 쇠고기 173g 또는 달걀 7~8개 정도네.

12~14세 여자아이

로만 하루에 섭취해야 하는 단백질 양을 채울 수는 없겠지요?

그래프에 있는 대구라는 생선을 보세요. 100g에 18g 정도의 단백질이 들어 있어요. 12~14세 남자의 경우 277g 정도의 대구를 먹으라고 권장합니다. 277g 정도의 대구는 작은 크기 1마리 정도입니다. 물론 맞춤 영양 시대로 들어선 오늘날 개인적인 차이는 있습니다.

질소 평형

앞에서 하루에 어느 정도의 단백질을 먹어야 하는지 살펴보았어요. 그렇다면 그 양은 어떻게 결정할까요?

단백질의 원소에 질소가 들어 있다고 한 것을 기억하나요? 바로 이 질소의 양을 재면 됩니다. 즉 사람의 질소 배설량과 음식으로 먹은 질소의 양과의 관계를 조사하는 거예요. 질소의 섭취량과 배설량을 측정하면 우리 몸이 하루에 필요로 하는 단백질 양과 얼마만큼 먹으면 좋을지를 알 수 있답니다.

그러면 이제 질소 배설량과 질소 섭취량은 어떤 관계가 있는지 설명하겠습니다. 좀 더 이해를 돕기 위해 먼저 질소 평형을 알아야 하지요.

단백질 1g에 질소는 16% 정도 들어 있어요. 그러므로 단백질 음식에서 질소의 양을 측정하는 것이 가능하겠지요? 예를 들어, 식품을 100g 먹었는데 단백질 양은 50g이라면 그 식품에는 질소가 8g 들어 있다는 것이에요.

또한 소변 속에 있는 질소의 양을 측정하면 단백질이 몸속에서 얼마만큼 분해되고 산화되었는지를 측정할 수 있답니다. 왜냐하면 단백질 대사에 의해서 최종적으로 만들어지는 질소는 주로 소변을 통해서 배설되기 때문입니다. 대변 속의 질소는 흡수되지 않으므로 질소 평형을 조사하기 위해서는 생각하지 않습니다.

그러면 질소 평형이란 무엇일까요? 질소 평형이란 질소의 섭취량과 배설량이 같은 상태를 말합니다. 어른들의 경우가 해당되지요. 성인의 경우에는 성장이나 발육이 일어나지 않으니까 많은 단백질을 필요로 하지 않아요. 그리고 섭취된 단백질은 소모되어 버린 조직을 위해 쓰이므로 전체 아미노산 양에는 변화가 거의 없어요. 또한 성인은 단백질을 저장하지 않으므로 질소의 섭취량은 배설량과 같아요.

성장기의 아동은 어떨까요? 몸 안에 새로운 조직이 만들어지므로 계속해서 질소를 새로운 조직에 보내 주어야 합니다.

그러므로 일정량의 질소를 저축해서 갖고 있어야 하죠.

이렇게 질소의 섭취량에서 배설량을 뺀 만큼의 질소량이 우리 몸에 필요합니다. 이해가 되나요? 따라서 질소를 저축하려면 단백질 섭취를 많이 해야 합니다. 그래야 질소의 섭취량이 배설량보다 더 많게 되지요.

반면에 탄수화물 음식이나 지방 음식을 적게 섭취하여 우리 몸에 에너지 공급이 부족하면 어떻게 될까요?

조직 단백질에서는 열량을 공급하기 위해 단백질을 이용한답니다. 이렇게 이용한 단백질의 질소는 간으로 가서 요소를 만들어 소변으로 배설시킵니다. 그러면 질소의 배설량이 섭취량보다 많게 되겠죠?

과학자의 비밀노트

질소 섭취량과 질소 배설량의 관계

질소 평형 : 질소 섭취 =질소 배설 ➡ 조직의 유지와 보수

양(+)의 질소 평형 : 질소 섭취 〉 질소 배설 ➡ 성장

음(−)의 질소 평형 : 질소 섭취 〈 질소 배설 ➡ 신체의 소모, 체중 감소

단백질 필요량에 영향을 미치는 요소

그러면 각 개인이 하루에 먹어야 할 단백질 필요량은 어떠한 조건에 따라 달라질까요? 체격과 단백질과는 관련이 있을까요? 물론 있습니다. 근육은 활성 조직입니다. 그래서 일정 기간 활동하면 노쇠하여 파괴되고, 그 자리에 새로운 세포가 만들어집니다.

그러므로 근육이 많으면 많을수록 근육을 유지하기 위해 더 많은 단백질을 필요로 합니다. 역으로 말하면 멋진 근육을 만들기 위해서는 양질의 단백질이 필요하다는 말이지요. 바로 몸짱이 되는 비결입니다.

그러나 근육을 만들려고 단백질 보충을 위한 식품을 장기간 먹는다면 무리가 올 수 있어요. 어떤 문제가 있을까요? 우선 매일같이 권장 섭취량보다 많이 먹게 되고, 그러다 보면 일시적으로 단백뇨가 올 수도 있으며, 이로 인해 신장에 무리를 줄 수도 있어요.

단백뇨란 무엇일까요? 단백뇨란 소변에 단백질이 섞여 나오는 것이에요. 눈으로 봐서 소변에 거품이 난다면 의심해 볼 만합니다. 정상인의 소변에 섞여 나오는 1일 단백질 배설량은 10~100mg인데, 1일에 150mg을 넘으면 단백뇨라고 한답니다.

이것은 신장과도 관련이 있습니다. 정도에 따라 일시적일 수도 있겠지만, 단백질은 분자의 크기가 크기 때문에 신장에서 거르지 못한 채 배설되면 신장 기능에 문제가 생길 수 있어요.

단백질 필요량이 나이와도 관련이 있을까요? 그렇습니다. 나이와 상관이 많습니다. 나이는 단백질 필요량을 결정짓는 중요한 요소입니다. 왜냐하면 나이에 따라 단백질이 새로운 조직 세포를 만드는 데 필요할 수도 있고 소모될 수도 있기 때문이지요. 나이가 어릴수록 새로운 조직 세포를 많이 만들잖아요. 그러한 조직 세포를 만드는 데는 단백질이 더욱 더 필요하겠죠.

그러나 나이가 들면 더 이상 새로운 조직을 만들지는 않아요. 오히려 세포가 분해되어 떨어져 나가므로 단백질을 많이 필요로 하지 않지요.

청년기까지는 빠른 성장을 하기 때문에 몸은 많은 단백질을 필요로 합니다. 성장률이 높은 시기의 어린이는 체중 1kg당 단백질 필요량이 성인의 2~3배나 된답니다.

신체의 영양 상태와 건강 상태는 단백질과 관련이 있을까요? 질병이 있거나, 수술을 했거나, 큰 병을 앓고 난 후에는 손상을 입은 부분의 조직 세포가 계속 만들어져야겠죠? 이때 손상된 부분의 조직 세포가 회복하기 위해서는 양질의 단백질 섭취가 필수입니다.

그리고 단백질 식품의 섭취 부족으로 영양 상태가 나쁜 사람들의 경우에도 질병을 이기거나 수술을 받아야 하는 상태에서는 소화하기 쉬운 형태의 단백질이 필요합니다. 왜냐하면 건강 상태가 안 좋은 경우에는 우리 몸의 단백질 이용률이 떨어지기 때문입니다.

혹시 고기만 많이 먹으면 건강하다고 생각하지는 않겠죠? 특수한 경우를 제외하고는 고기만 먹으면 안 됩니다. 왜 안 될까요?

우리 몸이 힘을 내는 데는 탄수화물, 지방, 단백질 식품이 모두 필요해요. 그런데 탄수화물과 지방 식품을 충분히 먹지 않고 고기만 먹어서 근육을 키운다든지 다이어트를 위해 고기만 먹는다든지 한다면, 단백질이 우선 힘을 내는 열량원으로 쓰이기 때문에 오히려 다른 중요한 기능을 하지 못하게 됩니다. 고기만 먹어서 체중을 줄이는 황제 다이어트가 사람들의 관심을 오래 끌지 못하고 실패한 이유도 여기에 있습니다.

어떤 단백질 식품을 먹느냐에 따라 몸속의 단백질 양이 달라집니다. 왜냐하면 식품에 따라 단백질 소화 흡수율은 각기 다르기 때문입니다.

동물성 식품에서 얻은 단백질은 97%, 식물성 식품에서 얻은 단백질은 83~85%, 말린 콩은 78% 정도의 소화 흡수율을 가졌습니다. 다시 말하면 쇠고기로 단백질을 100g 먹었다면 우리 몸에서 소화되고 흡수되는 단백질은 97g이란 뜻이에요.

위에서 보았듯이 동물성 단백질이 소화 흡수율이 좋지요. 그러나 동물성 식품에는 제거할 수 없는 지방이 같이 있다는 사실을 고려해야 합니다. 동물성 지방은 몸에 좋지 않답니다. 계속 쌓이면 혈관이 막히게 하거든요.

요즘에는 콩으로 만든 고기나 두부로 만든 스테이크가 상품화되어, 음식점의 주된 메뉴로 관심을 끌고 있어요. 맛도 고기와 비슷해서 기대해볼 만하답니다.

식사 중이군요?

네, 멋진 몸을 위해 단백질을 섭취 중이예요.

아니, 왜 이렇게 고기류만 있나요?

단백질이 좋다고 해서 단백질만 많이 먹으려고요.

단백질을 매일 권장 섭취량보다 많이 먹으면 일시적으로 단백뇨가 올 수도 있고, 신장에 무리를 줄 수도 있어요.

연 령 (세)	권장섭취량(g)	
	남 자	여 자
6~8	25	25
12~14	50	45
15~19	60	45
20~49	55	45

단백뇨요?

단백뇨란 소변에 단백질이 섞여 나오는 것으로, 소변에 거품이 난다면 의심해 봐야 합니다. 정상인의 1일 단백질의 오줌 배설량은 10~100mg인데, 1일에 150mg을 넘으면 단백뇨라고 하지요.

혹시 단백뇨 ???

우리 몸은 탄수화물, 지방, 단백질 모두 필요해요. 고기만 먹는다든지 한다면 단백질이 우선 힘을 내는 열량원으로 쓰이기 때문에 다른 기능을 못하게 돼요.

헉, 큰일 날뻔했네요.

음식은 편식하지 않고 먹는 것이 중요해요.

네, 알겠습니다. 선생님

알맞은 단백질이 좋아요

단백질을 지나치게 많이 섭취하거나
지나치게 적게 섭취하면 건강을 해치게 됩니다.
단백질의 과잉과 결핍에 대해서 알아봅시다.

3

알맞은
단백질이 좋아요

뭘더는 단백질을 과잉 섭취할 때
나타나는 증상을 소개하며
세 번째 수업을 시작했다.

단백질 과잉

앞의 수업 시간에서 말했듯이 단백질은 우리 몸에서 필요로 하는 단백질 필요량이 있고, 어느 정도까지 먹으면 좋을지 말해 주는 단백질 권장 섭취량이 있어요.

그런데 단백질을 너무 많이 먹으면 어떻게 될까요? 단백질을 많이 섭취했을 경우에는 남는 단백질을 연소하여 에너지를 만들고 지방이나 탄수화물의 연소는 아껴 둡니다. 이것은 남는 지방이나 탄수화물이 체지방으로 저장되어 체중이 증가함을 의미합니다.

그런데 열량 공급이 충분한 경우, 남는 단백질은 간에서 글리코겐(마지막으로 저장되는 전분)이나 저장 지방으로 변화되어 체내에 쌓이게 되므로 체중이 증가합니다.

맛있는 불고기를 먹으면서 더워지고 땀이 난 적이 있나요? 음식물을 먹고 난 후에는 에너지를 이용하여 소화, 흡수, 저장 및 다른 영양소로 전환되어 물질대사가 이뤄지기 때문에 더워지는 것입니다.

그런데 많이 먹으면 어떨까요? 물론 섭취된 영양소의 종류와 양에 따라 소모되는 에너지도 다릅니다. 단백질의 경우는 탄수화물, 지방에 비해서 아미노기(NH_2)의 이탈과 요소를 만들어야 되는 등 복잡한 대사 과정을 거쳐야 되므로 에너지의 소비가 크답니다.

그래서 에너지 대사가 많이 일어나게 되며 그로 인해 신체가 피곤해져서 저항력이 약해집니다. 그리고 체온이 올라가며 고혈압을 일으킬 수 있어서 좋지 않습니다.

단백질 과잉으로 인해 생기는 나쁜 증세의 예를 더 들어 볼까요? 단백질을 많이 섭취하면 단백질 분해물이 많이 생기게 되지요. 이것은 신경을 자극하고 잠이 잘 오지 않는 불면증에 걸리기 쉽게 할 뿐만 아니라, 아무 소리도 나지 않는데 귀에서 소리가 들리는 귀울림이 생기게 하기도 합니다.

또한 혈액 안에 단백질 분해물인 요소를 증가시키기 때문에 신장의 배설 기능에 부담을 주며 심하게는 요독증이 생기기도 합니다.

요독증이란 신장의 기능이 나빠져서 오줌으로 배설되어야 할 불필요하고 해로운 분해물이 혈액 속에 쌓여서 일어나는 중독 증세를 말합니다. 요독증 증세로는 혼수상태, 소화기 궤양, 폐에 물이 차는 병 등 여러 가지가 있습니다.

또한 동물성 단백질을 많이 먹을 경우에는 이를 중화하는 데 칼슘이 소모되기 때문에 칼슘의 농도가 낮아지기도 합니다.

에스키모 인들이 생고기를 많이 먹는다는 사실은 잘 알려져 있어요. 따라서 이들은 고단백질을 섭취하기 때문에 신장 질환으로 죽는 사람이 많다고 해요. 놀랍지요?

무엇이든 지나친 것은 좋지 않아요. 더군다나 하루에 한 끼니도 먹지 못하는 사람들을 생각하면 음식을 귀하게 여기고 알맞게 먹어야 해요. 그래야 건강하게 오래 살 수 있어요.

그러면 단백질 섭취량은 어느 정도가 알맞을까요? 단백질 섭취량은 에너지 권장 섭취량의 15~20% 수준을 유지하는 것이 좋아요. 그래서 전문가들은 단백질 권장량의 2배 이상을 섭취하지 말 것을 권한답니다.

단백질 결핍

단백질 섭취가 부족하면 어떻게 될까요?

단백질은 필수 영양소로서, 다른 영양소로 그 기능을 대체할 수가 없어요. 그러므로 좋지 않은 단백질을 섭취했을 경우나 열량 있는 식품 섭취가 부족할 경우에 단백질 결핍증이 발생합니다.

또한 위나 장의 기능이 좋지 않거나 열이 높은 경우, 간 또는 신장의 기능이 좋지 않을 때, 그리고 피를 많이 흘렸을 때에 단백질 결핍증이 나타나기도 합니다.

단백질 결핍증으로는 선천성 단백질 대사 장애가 있어요. 선천성 단백질 대사 장애란 아미노산을 분해하는 효소가 부족하여 생기는 병으로, 어린 나이에 흰머리가 되거나 분홍색 피부가 되며 정신 발달이 안 되고, 검은 소변을 보는 증세가 나타납니다. 특히 감기 또는 설사를 비롯한 질병에 걸렸을 때 식욕이 떨어지게 되고 이로 인해 단백질 결핍 증상이 더욱 쉽게 나타날 수 있어요. 어린이는 심한 증상을 나타내지 않지만 약간의 영양 불량 상태를 찾아볼 수 있지요.

단백질 결핍의 초기에는 체중이 감소하고 쉽게 피로하며 신경질적이 되고 성장이 느려집니다. 이외에도 얼굴과 몸이 붓는 부종 현상을 볼 수 있고, 저혈압 현상을 비롯한 빈혈 증세와 피부의 색소 변화가 나타나고 병에 대한 저항력이 약해집니다.

대표적인 단백질 결핍증에는 콰시오커와 마라스무스가 있습니다. 아프리카, 라틴 아메리카 일부 지역, 아시아 일부 지역의 개발 도상국 어린이들에게서 많이 볼 수 있어요.

콰시오커는 필수 아미노산을 함유하고 있는 양질의 단백질이 부족할 때 발생합니다. 양질의 단백질 섭취 부족이 제일 중요한 원인이며, 열량 부족과 비타민 결핍이 단백질 결핍과

겹쳐서 일어나기도 합니다. 주된 증상은 피로하고 성장이 잘 안 되고 지방간을 보이며 머리털이 갈색으로 변합니다. 또한 피부의 색이 연해지고 피부염도 볼 수 있으며 소화나 흡수가 잘 안 되고 신경 장애 및 부종을 볼 수 있습니다. 그러나 좋은 단백질을 충분히 섭취해 주면 치료가 가능합니다.

또 다른 단백질 결핍증인 마라스무스는 열량 부족 증세를 보이는 것으로 이유기와 유아기의 어린이에게 많이 나타납니다. 마라스무스는 콰시오커와 비슷하나 피부와 머리털의 색이나 간 기능은 비교적 정상입니다. 그러나 심하게 말라서 피부와 뼈만 남아 있고 애늙은이처럼 주름이 많습니다.

과학자의 비밀노트

단백질 과잉과 결핍

단백질 과잉 시에는 특별한 장애는 없으나 과잉된 에너지가 지방으로 변화되어 체내에 저장된다. 또한 알칼리성 장액의 분비가 증가하여 변비의 경향을 나타낸다. 그리고 체내에서 칼슘의 유출을 도모하므로 갱년기 이후 여성들에게 골격의 변화 혹은 골다공증을 유발한다. 결핍 시에는 성장에 큰 장애가 있으며 피하 지방이 소실되어 피부의 탄력 저하, 근육의 긴장 저하, 빈혈 현상 등을 초래한다.

우유와 육류를 주로 먹는 서양인에 비해 주식 자체가 곡류와 채식인 한국 사람들에게는 단백질 과잉 섭취의 문제보다 위장의 저산증(위산 감소증)으로 인해 만성적인 단백질 결핍 증상이 많은 편이다.

선생님, 단백질 과잉으로 인해 생기는 나쁜 증세는 무엇이 있나요?

단백질을 많이 섭취하면 단백질 분해물이 많이 생기고, 이것이 신경을 자극하여 불면증과 환청이 들리기도 합니다.

밤마다 잠도 안 오고 이상한 소리도 들리고 한다면…. 윽, 정말 싫겠다.

그뿐만 아니라 신장의 기능이 나빠져서 오줌으로 배설되어야 할 불필요하고 해로운 분해물이 혈액 속에 쌓여서 일어나는 요독증이 발생하지요.

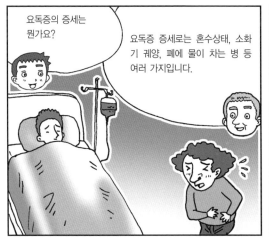

요독증의 증세는 뭔가요?

요독증 증세로는 혼수상태, 소화기 궤양, 폐에 물이 차는 병 등 여러 가지입니다.

또한 동물성 단백질을 많이 먹을 경우, 이를 중화하는 데 칼슘이 소모되기 때문에 칼슘의 농도가 낮아지기도 합니다. 이럴 경우 신장 질환이 발생한답니다.

신장이면 콩팥인데, 매우 위험한 병이겠네요.

혹시 단백질을 대체할 수 있는 물질이 있나요?

없습니다. 그래서 좋지 않은 단백질을 섭취했을 경우나 열량 있는 식품 섭취가 부족할 경우 단백질 부족증이 발생하지요.

결핍의 초기에는 체중 감소, 피로, 성장 장애, 얼굴과 몸이 붓는 부종 현상을 볼 수 있고, 저혈압 빈혈 증세와 피부의 색소 변화도 나타나지요.

적절한 단백질 섭취가 정말 중요하군요.

4

단백질에 이름을 붙여요

다양한 단백질의 종류를 알아보고
우수한 단백질은 무엇이며, 그 가치를 알아봅시다.

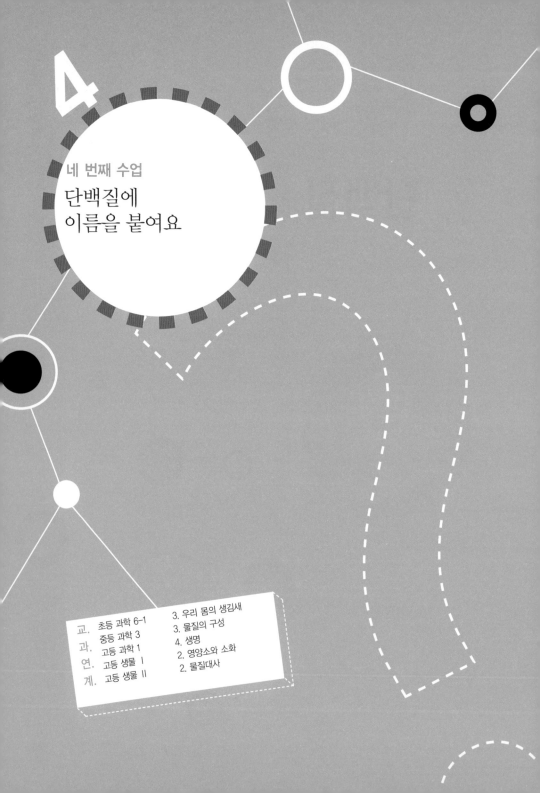

네 번째 수업

단백질에
이름을 붙여요

뭘더는 단백질에도
여러 가지 종류가 있다며
네 번째 수업을 시작했다.

단백질의 종류

단백질에는 여러 가지 종류가 있어요. 이번 시간에는 단백
질의 종류에 이름을 붙여 봅시다.

혈청과 달걀 속의 단백질인 알부민과 우유의 락트알부민
은 물에 녹고 열에 응고되는 성질이 있어요. 근육과 혈청 속
의 글로불린, 콩 속의 글라이신이라는 단백질은 약한 염류
용액에는 녹으나 물에는 거의 녹지 않고 열을 가하면 응고합
니다.

밀 속에 들어 있는 글리아딘, 옥수수의 제인, 보리의 호르데인이라는 단백질의 80%는 알코올에 녹으나 물에는 녹지 않아요. 뼛속의 콜라겐과 모발의 케라틴 단백질은 물에 녹지는 않지만 물이나 약산 또는 알칼리와 끓이면 젤라틴과 같이 끈적하게 변한답니다.

이처럼 아무것도 섞여 있지 않은 단백질을 단순 단백질이라고 해요.

단순 단백질 이외에 당질, 지질, 인산, 색소가 단백질과 결합된 형태인 단백질이 있어요. 핵산과 단백질이 결합된 것으로 세포핵의 주성분인 핵단백질이 있고, 달걀흰자 안에는 당질과 단백질이 결합된 당단백질이 있답니다.

핵산이란 생물에게 있어 가장 중요한 화학 물질이에요. 유전, 생존, 번식에 없어서는 안 되는 물질로, 지구상의 생물은 가장 간단한 구조의 바이러스에서부터 사람에 이르기까지 핵산에 의지해서 살고 있어요.

핵산에는 DNA와 RNA가 있어요. 유전자의 실체인 DNA는 새로 태어난 생물이 어버이와 비슷한 것이라는 증거인 유전 정보가 들어 있으며 아미노산이 사슬처럼 연결된 형태로 되어 있어요.

또 다른 것으로 지방과 단백질이 결합되어 혈액 내에서 지방을 운반하는 역할을 하는 물질이 있는데, 이것을 지방 단백질이라 한답니다.

이 중에는 성인병과 관련이 깊은 것도 있습니다. 바로 LDL이라고 하는 저밀도 지방 단백질이에요. 이것은 혈관벽에 쌓여서 혈액이 흘러가는 통로를 막기 때문에 혈액 순환이 잘되지 않게 하여 동맥 경화증을 불러일으키며 심장에 무리를 주어 심장병을 일으키기도 한답니다. 무서운 지방 단백질이지요.

그러나 HDL이라는 고밀도 지방 단백질은 쓸개즙을 만들고 우리 몸의 대사에 이용되기 때문에 필요한 물질입니다.

과학자의 비밀노트

쓸개즙

척추동물의 간에서 만들어지는 소화액으로 쓸개에 저장되었다가 십이지장으로 분비되지만 소, 사슴, 비둘기는 쓸개가 없어 간에서 직접 십이지장으로 분비된다. 또한 사람과 개의 쓸개즙은 황금색 또는 황갈색이지만 공기와 닿으면 녹색으로 변한다.

이런 쓸개즙을 만들 때 HDL이라는 고밀도 지방 단백질이 관여한다.

끝으로 철, 구리, 아연과 같은 금속과 단백질이 결합된 단백질이 있어요. 철과 단백질이 결합된 철 단백질과 아연과 결합된 아연 단백질이 바로 그것이지요.

혈액 속의 적혈구에 들어 있는 철 단백질인 헤모글로빈은 산소와 결합하여 체내에 산소를 공급하는 역할을 합니다.

한편 근육 중에는 헤모글로빈과 비슷한 색소 단백질인 미오글로빈이 있어요. 이것은 헤모글로빈보다 산소와 더 친하기 때문에 산소가 적은 곳에서도 헤모글로빈으로부터 산소를 받아 근육 활동을 한답니다.

아연 단백질인 인슐린은 당뇨병과 관련 있는 호르몬이에

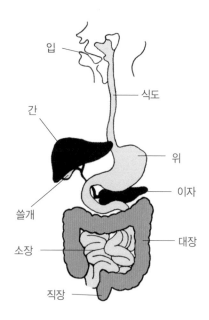

입

식도

간

위

이자

쓸개

대장

소장

직장

우리 몸의 기관

요. 이 호르몬은 간에서는 포도당을 글리코겐이라는 탄수화물로 바꿔 주고, 근육에서는 혈당을 낮춰 줍니다.

이러한 인슐린이 부족하거나, 인슐린 분비가 잘 안 되면 당뇨병이 되는 것입니다.

어떻습니까? 알면 알수록 우리 몸이 신비롭지 않나요? 우리 몸의 활동은 정교하게 만들어진 자동 기계 같기도 하지요.

그러면 단백질이 영양적으로는 어떤 가치가 있을까요? 그 가치에 따라 이름을 붙이면 완전 단백질, 부분적 불완전 단백질, 불완전 단백질로 나누어서 우리 몸에 좋은지 나쁜지를 알아볼 수 있답니다.

우선 쥐의 실험을 예로 들어 보겠어요. 쥐를 세 그룹으로 나누어서 실험을 했어요. 1번 그룹에는 사료에 우유의 카세인 단백질을 18% 주고, 2번 그룹에는 사료에 우유의 카세인 단백질을 4% 주었고, 3번 그룹에는 사료에 젤라틴 단백질을

1번 그룹	2번 그룹	3번 그룹
사료＋카세인 단백질 18%	사료＋카세인 단백질 4%	사료＋젤라틴 단백질 18%
발육이 좋은 쥐	발육이 중간 정도의 쥐	마르고 쇠약한 쥐

18% 주었어요. 그리고 체중을 쟀어요.

젤라틴 단백질은 동물성 단백질이지만 아미노산이 적게 들어 있어요. 따라서 단백질의 종류와 양에 따라 성장을 잘할 수도 있고, 그렇지 않을 수도 있지요. 즉, 1번 그룹의 쥐는 체중이 많이 늘고 성장을 했고, 2번 그룹의 쥐는 체중이 줄다가 조금 늘었으며, 3번 그룹의 쥐는 성장을 하지 못했답니다.

실험 결과 단백질도 그 질이 좋고 나쁨이 있고, 그 차이에 따라 성장이 다르다는 것을 알았습니다.

그러면 완전 단백질이란 무엇일까요? 정상적인 성장을 돕는 아미노산이 충분히 들어 있어서 체중을 증가시키고, 성장도 잘되도록 하며, 신체의 생리적 기능을 돕는 양질의 단백질을 말합니다. 젤라틴을 제외한 모든 동물성 단백질과 우유, 콩 단백질을 말하지요. 실험에서는 1번 그룹의 쥐를 완전 단백질 사료로 키운 것입니다.

부분적 불완전 단백질은 어떤 단백질일까요? 동물의 성장을 돕지는 못하나 생명을 유지시키는 단백질이에요. 아미노산의 종류가 부족하거나 양이 부족한 단백질이지요. 밀과 보리의 단백질이 여기에 속한답니다. 실험에서는 2번 그룹의 쥐를 부분적 불완전 단백질 사료로 키운 후 체중을 잰 것입니다.

그리고 불완전 단백질이란 동물의 성장이 잘 안 되고 체중이 감소되며 몸이 쇠약해지는 단백질을 말합니다. 젤라틴과 옥수수 단백질이 여기에 속하지요. 젤라틴은 동물의 뼈나 가죽에 있는 콜라겐이라는 단백질을 물과 함께 가열, 분해하여 만들어지는 단백질을 말한답니다.

그중 좋은 부분은 젤리 과자, 냉채 요리의 장식제나 햄, 소시지를 만들 때도 쓰입니다. 좋지 않고 불순물이 든 부분은 아교풀로 쓰이지요. 아교풀은 접착제를 말하며, 일반 풀보다 강한 접착력을 갖고 있지요.

앞의 실험을 그래프로 정리하면 좀 더 쉽게 비교가 되겠지요? 그려 보면 다음과 같습니다.

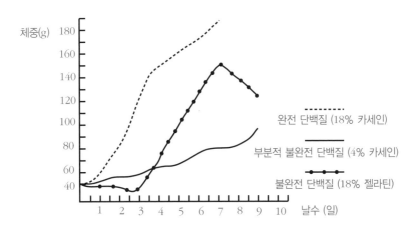

완전, 부분적으로 완전 및 불완전 단백질이 쥐의 성장에 미치는 영향

앞 페이지의 그래프는 완전 단백질, 부분적 불완전 단백질, 불완전 단백질이 어린 쥐에게 어떤 영향을 미치는지 살펴본 것입니다. 그 결과 완전 단백질은 성장 곡선을 나타내었고, 부분적 불완전 단백질은 성장이 잘 안 되는 곡선을 나타냈으며, 불완전 단백질은 성장이 떨어지다가 회복되었으나 다시 떨어지는 곡선을 나타냈습니다.

그런데 식물성 식품의 일부는 아미노산이 부족해도 부분적 불완전 단백질을 완전 단백질로 만들 수 있는 방법이 있어요. 물론 단백질 합성을 하기 위해서는 필수 아미노산이 모두 있어야만 하지요.

즉, 식품 속의 단백질에는 필수 아미노산이 없거나 적게 있는 것이 많기 때문에 보충해 주어야 합니다. 어떤 방법으로 상호 보충을 할까요? 부족한 아미노산은 식품 속의 단백질에 따라 다르죠. 어느 한 아미노산이 부족한 식품은 다른 식품 속의 단백질을 먹음으로써 상호 보완 작용을 하게 되고 완전 단백질을 이룰 수 있어요. 예를 들면, 밀과 같은 식물성 단백질 속에는 대체적으로 라이신이라는 아미노산이 부족한 대신 메싸이오닌이라는 아미노산은 풍부하답니다.

그런데 우유에는 메싸이오닌 아미노산이 부족하고 라이신이 풍부하지요. 그러면 이것을 같이 먹으면 어떨까요? 맞아요, 부족한 것을 채워줄 수 있습니다. 즉, 우유와 빵을 같이 먹거나 빵을 반죽할 때 우유를 넣는다면 완전 단백질이 된다는 말입니다.

이제 빵을 만들 때 우유를 넣는 이유를 알겠지요.

선생님, 단백질에 대해 좀 더 가르쳐 주세요.

단백질은 여러 가지 종류가 있고, 종류에 따라 이름도 다양하지요.

달걀이나 혈청 속의 단백질인 알부민과 우유 속의 락트알부민은 물에 녹고 열에 응고되는 성질이 있어요.

알부민

락트알부민

이밖에 글로불린, 글라이신, 글리아딘, 제인, 호르데인, 콜라겐, 케라틴 등이 있는데, 이들은 모두 아무것도 섞이지 않은 단순 단백질이지요.

와, 종류가 엄청 많네요.

글라이신 → 콩

글리아딘 → 밀

케라틴 → 머리카락

하하, 아직 많이 남았답니다. 단순 단백질이 아닌 것에는 핵단백질, 당단백질, 지방단백질 등이 있어요.

선생님, 이제 '단'이라는 단어만 들어도 어지러워요.

핵단백질 → 핵산 + 단백질
당단백질 → 당질 + 단백질
지방단백질 → 지방 + 단백질

더 중요한 것이 있어요. 바로 완전 단백질과 부분적 불완전 단백질, 불완전 단백질이지요. 이것은 단백질을 영양적 가치에 따라 나눈 거예요.

완전 단백질이 제일 좋은 거죠?

영양적 가치에 따른 분류

완전 단백질
부분적 불완전 단백질
불완전 단백질

맞아요. 완전 단백질은 정상적인 성장을 돕는 아미노산이 충분한 것이고, 불완전 단백질은 아미노산의 종류나 양이 부족한 단백질이에요.

완전 단백질

Milk

TV에서 우유나 콩이 완전 단백질이라는 것을 본 적이 있어요.

5

단백질은
이런 **일**을 해요.

단백질이 우리 몸속에서 어떤 역할을 하는지 알아봅시다.

5

다섯 번째 수업

단백질은
이런 일을 해요

뮐더는 단백질이
어떤 기능을 하는지 알아보자며
다섯 번째 수업을 시작했다.

단백질의 기능

우유, 콩, 고기 등의 단백질 식품은 몸에 들어가서 어떤 역할을 할까요?

단백질은 우리 몸에 들어가면 아미노산으로 흡수된 다음 혈액에 의하여 빠른 속도로 각 조직에 운반되어 다음과 같은 여러 가지 작용을 합니다.

첫째, 우리 몸에서 새로운 조직 세포의 합성과 손상된 조직의 보수를 합니다. 성장 속도가 빠른 1세 미만의 영아는 먹는 단백질의 $\frac{1}{3}$을 새로운 조직 세포를 만드는 데 이용합니다. 또한 다쳐서 피를 많이 흘렸거나, 불에 심하게 데었을 때, 수술과 뼈의 골절로 인해 조직 세포가 손상되었다면 체내 단백질은 손상된 부분의 조직 세포를 다시 만들어 줍니다. 정말로 멋진 기능이지요? 만약 뼈가 부러졌거나 살이 패었을 때 단백질의 손상 복구 기능이 없다면 뼈는 부러진 채로, 살은 패인 채로 있겠죠? 생각만 해도 끔찍한 일입니다.

머리카락과 손톱, 발톱은 성장이 멈추지 않고 계속 자랍니다. 적혈구도 120일이 되면 파괴가 되고 다시 생성됩니다. 이렇게 모든 조직 세포들은 그 속도는 일정하지 않지만 계속해서 퇴화되고 재생됩니다. 그러므로 단백질은 체내 조직 세포를 보수하고 유지시키기 위해 일생 필요한 것이지요.

둘째, 단백질은 효소, 호르몬 및 항체를 만듭니다. 효소란 생물이 만들어 내는 촉매 작용을 가진 단백질을 말합니다. 촉매 작용이란 어떤 물질의 화학 반응을 매개하여 반응 속도를 빠르게 하거나 늦추지만, 그 물질 자체는 반응 후에도 그대로 있는 것을 말합니다.

그런데 몸 안에서 이루어지는 대부분의 화학 반응은 효소의 촉매 작용에 의해서 진행되므로 생명에 없어서는 안 되는 물질입니다. 또한 우리 몸 안에서는 물론 몸 밖에서도 효소의 반응은 일어난답니다.

그렇다면 우리 몸 안에서 일어나는 효소 반응에는 무엇이 있을까요? 예를 들면 위액에는 펩신이라는 소화 효소가 있어서, 몸 안에 들어온 단백질 음식을 분해해 준답니다. 즉, 펩신은 단백질을 아미노산으로 분해하여 소화가 잘되도록 돕지만, 펩신은 아미노산과 섞이지 않고 효소로 남습니다.

키모트립신과 트립신 또한 그렇습니다. 이자에 있는 이 효소들은 단백질을 아미노산으로 분해시켜 준답니다. 하지만 아미노산과 결합하는 것은 아니지요.

이제 효소라는 물질을 이해할 수 있나요? 그러면 몸 밖에서의 효소 반응은 무엇이 있을까요? 여러분이 잘 알고 있는 것이랍니다. 몸 밖에서는 미생물 효소를 이용하여 식초, 된장, 간장, 고추장, 빵, 치즈, 요구르트, 김치 등을 만들지요. 주로 발효 식품을 말하는 거예요.

발효 식품이란 효모, 곰팡이, 세균 등의 미생물의 효소 작용을 이용하여 식품을 변화시키는 것을 말해요. 효모를 사용하여 주로 맥주, 와인, 여러 가지 과실주 등을 만들고, 곰팡이를 이용하여 메주를 만들며, 세균을 이용하여 청국장, 요구르트, 치즈, 김치, 식초를 만드는 것입니다. 어때요, 유용하게 쓰이는 효소가 모두 단백질로 되어 있지요?

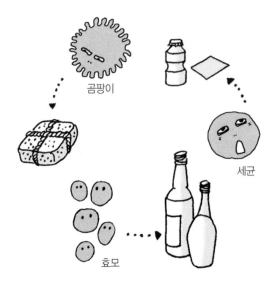

곰팡이

세균

효모

좀 더 자세히 설명하면, 효소는 알갱이가 큰 고분자의 단백질이에요. 분자량이 작은 것은 아미노산이 약 100개 정도로 되어 있고, 분자량이 큰 것은 아미노산이 약 1,000개 이상 결합된 것도 있어요.

이번에는 호르몬에 대해 이야기해 보지요. 호르몬도 단백질로 되어 있을까요? 물론입니다. 성장 호르몬도 단백질로 되어 있어요. 성장 호르몬은 아미노산 200개로 결합되어 있는 호르몬이랍니다.

성장 호르몬은 태어나면서부터 평생 분비되는데, 커 갈수록 분비량이 줄어들지요. 이 호르몬은 골격을 성장시키고,

몸속의 단백질 합성을 빠르게 진행시켜 성장하게 합니다.

다른 예로, 올챙이가 변태하여 개구리가 되고 물속에서뿐만 아니라 땅 위에서도 생활이 가능하게 되는 것은 갑상샘(갑상선) 호르몬의 작용이에요. 이 호르몬 역시 단백질로 되어 있지요. 질병으로부터 몸을 보호하는 면역계는 피부, 림프구, 항체로 되어 있고, 이들은 모두 유전 정보를 가지고 있는 단백질에 의해 만들어진답니다.

여러분은 항체라는 단어를 들어보았나요? 항체는 질병에 대한 저항력을 가지게 하는 물질입니다. 우리 몸은 세균, 바이러스 및 다른 미생물들로부터 보호하기 위하여 항체를 이용하지요.

항체는 면역 기능의 중심적인 역할을 맡고 있고, 5가지 면역 글로불린이란 특수한 단백질로 되어 있어요. 이것은 알레르기 질환이나 호흡기 계통의 면역에 중요한 역할을 하고 있답니다.

림프구도 질병을 막아 줍니다. 림프구란 백혈구의 하나로서 식균 작용을 하는 세포예요. 다시 말해 림프구가 균을 잡아먹는다는 말이지요. 즉, 해로운 물질이 우리 몸에 침입하면 림프구는 분열을 하여 수를 증가시키고 세균을 공격한답니다. 이 말은 면역 기능과도 관련이 있습니다. 따라서 단백질을 충분히 섭취하지 못하면 면역 기능이 떨어지는 것은 당연하겠지요.

셋째, 혈장 단백질을 만듭니다. 혈액은 적혈구, 백혈구, 혈소판, 혈장으로 되어 있습니다. 그중 혈장이란 혈액 성분 중 혈구 이외의 성분을 말합니다. 혈장의 90%가량은 수분이에요. 혈장 단백질은 혈장 중에 6.5~8.0% 정도를 차지하며 주로 알부민, 글로불린, 피브리노젠이라고 불리는 단백질이 있으며 대부분 간에서 만들어집니다.

혈장 알부민은 새로운 조직을 형성할 때 제일 먼저 단백질을 공급해 주며 다른 영양소를 운반하기도 합니다. 혈장 글로불린은 조직에 필요한 단백질을 보내 주며 무기질인 구리를 운반하는 역할을 하지요. 또한 철을 운반할 때도 쓰이며 항체 역할에도 도움을 준답니다.

또, 혈장에 있는 피브리노젠 단백질은 혈액을 응고시키는 일을 합니다. 혈관에서 조직으로 출혈한 혈액은 몇 분 후면 응고하게 되지요. 이것은 우리 몸이 스스로 혈액의 손실을 적게 하기 위해 지혈 기능을 하는 것입니다. 혈액 응고 과정에서 최종적으로 피브리노젠이 피브린으로 바뀌고, 피브린은 혈구를 싸서 굳히는 역할을 하기에 붉은 응고물이 생기는 것이지요. 이렇게 일련의 효소가 활성화되어 완결되기까지,

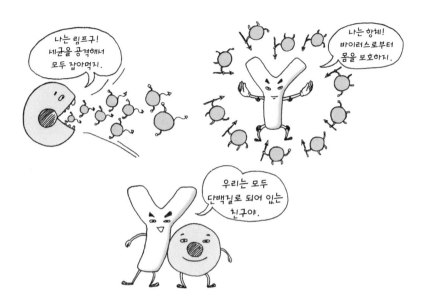

즉 응고가 되기까지 대개 얼마의 시간이 필요합니다. 이 특성은 실제로 지혈할 때 중요한 점이지요. 출혈한 곳을 거즈 등으로 누르는 경우, 2~3분마다 출혈한 곳의 피를 자꾸 닦아 내면 응고가 시작되지 않는다는 것입니다. 그래서 피가 나면 응고가 될 때까지 몇 분간은 누르고 있어야 합니다. 물론 이렇게 응고시키는 일을 하는 물질도 모두 단백질로 되어 있어요.

넷째, 단백질은 우리 몸의 대사 과정을 조절합니다. 세포막 내에 있는 단백질은 세포의 특정한 전해질 양을 조절합니다. 예를 들면, 나트륨 이온은 단백질에 의해 세포 외로 옮겨지고 칼륨 이온은 세포 내로 보내집니다.

전해질이란 물에 녹였을 때 이온으로 되어 그 용액이 높은 전기 전도성을 띠게 되는 물질을 말합니다. 전해질은 신경과 근육에서 전달 역할을 하며, 체내에서 수분의 양을 알맞게 조절해 줍니다. 세포막에는 체액들이 있는데, 그 분포는 전해질에 의한 삼투압과 단백질의 압력에 의해 조절됩니다.

삼투압을 설명하기 위해 실험을 해 보겠어요. U자 관의 중앙을 반투막(반투과성 막)으로 막습니다. 반투막이란 어떤 일정한 크기의 입자는 통과시키고 그 이상의 입자는 통과시키지 않는 막입니다. 이러한 막은 물질을 크기에 따라 분리하는 방법으로 이용되지요. 바로 이러한 반투막이 있는 U자 관의 한쪽에는 순수한 물을 넣고 다른 쪽에 설탕 수용액을 높이가 같게 넣어 둡니다. 그러면 물이 설탕 수용액 쪽으로 이동하게 됩니다.

그 결과 설탕 수용액 쪽은 높아지고 물은 낮아지는데 양쪽의 높이가 어느 정도의 차에 도달하면 물의 이동이 정지하고 평형의 상태로 됩니다. 즉, 반투막을 사이에 두고 두 용액의 농도가 다를 때, 농도가 낮은 쪽에서 높은 쪽으로 용매만 이동하는 현상입니다.

이와 같이 사람 체액의 삼투압도 일정하도록 조절됩니다. 즉, 세포 내에 물이 삼투되고 전해질 이온이 밖으로 나와서 세

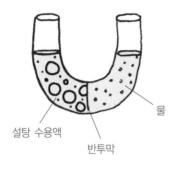

설탕 수용액

반투막

물

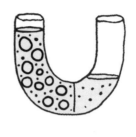

○ : 설탕 분자
• : 물 분자

삼투압

포의 부피가 증가되면 삼투압은 낮아지는 거예요.

그런데 전해질 대사에 이상이 생기거나 단백질 부족으로 인해 혈장 알부민의 양이 적어지면 어떻게 될까요? 혈청의 단백질 양이 적어지면 혈청 내 수분 양이 많아지게 됩니다. 그러면 투과막을 사이에 둔 양쪽 용액, 즉 세포와 세포 주위의 용액은 언제나 농도가 같아지려는 방향으로 흘러가게 되는 것이지요. 마침내 혈액 중의 수분이 조직 세포 안으로 이동하여 조직이 부풀게 되고 몸이 붓는 현상이 생깁니다.

혈액은 산성일까요, 염기성일까요? 혈액은 약한 염기성입니다. 따라서 혈액의 pH는 항상 일정한 상태(pH 7.35~7.45)로 유지시켜야 해요.

다섯째, 단백질은 필요할 때 열량도 공급해 주지요. 단백질 1g은 4kcal의 열량을 공급합니다. 우리 몸은 탄수화물과 지

pH(수소 이온 농도)

용액의 산성도를 가늠하는 척도이다. 용액 속에 수소 이온이 많을수록 작은 값의 pH를 갖고, 적을수록 큰 pH 값을 갖는다. 순수한 물의 pH인 7을 기준으로 pH 값이 7보다 작은 용액은 산성 용액, 7보다 큰 용액을 염기성 용액이라 한다.

일상생활에서 볼 수 있는 용액들의 pH 값

식초	2.4~3.4	바닷물	7.8~8.3
탄산음료	2.5~3.5	세제	14

질에서 발생하는 열량을 먼저 사용하고, 단백질은 필요시에만 열량원으로 사용하지요. 왜냐하면 단백질은 고유의 중요한 기능이 많아서 그 역할을 하는 것이 우선이기 때문입니다.

그렇다면 어떤 경우에 열량원으로 쓰게 될까요? 열병 상태이거나 갑상샘 기능이 높아지고, 신체 대사 활동이 활발해지거나 식사를 하지 못해 굶은 상태일 경우 단백질은 열량원으로 쓰인답니다. 그러면 신체 조직의 소모가 일어나 몸의 기능이 약화되겠지요.

갑상샘 기능이 높아진다는 것은 무슨 뜻일까요? 그것은 혈액 속의 갑상샘 호르몬 농도가 높아진 상태를 말해요. 갑상샘 호르몬의 대표적인 것은 티록신인데, 이것은 물질대사를 빠르게 해 주고 신경을 흥분시키거나 심장 기능을 빠르게 해 주는 호르몬이지요.

그런데 갑상샘 기능이 높아지면 눈이 튀어나오거나, 초조해지면서 땀을 많이 흘리고 심장이 두근거리며 체중이 줄어드는 현상을 보입니다. 하지만 이런 경우에도 단백질은 에너지원으로 쓰입니다.

단백질은 이렇게 하는 일이 많아서 오늘도 몸속과 밖에서 바쁜 하루를 보낸답니다.

괜찮나요?

네, 그런데 상처가 좀 큰 것 같아요.

그동안 단백질을 적당하게 섭취했으니깐 상처가 금방 나을 거예요.

단백질과 상처가 낫는 게 관계가 있나요?

단백질은 우리 몸에 들어가면 아미노산으로 흡수된 다음 혈액에 의하여 각 조직에 운반되어 새로운 조직 세포의 합성과 손상된 조직의 보수를 한답니다.

아~, 그래서 상처가 빨리 회복된다는 것이군요.

아미노산

네. 또 단백질은 효소, 호르몬 및 항체를 만드는데, 효소는 생물이 만들어 내는 촉매 작용을 가진 단백질로 몸 안에서 이루어지는 대부분의 화학 반응은 효소의 촉매 작용에 의해 진행되지요.

효소는 우리 몸에 없어서는 안 되는 물질이군요.

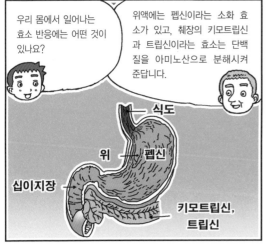

우리 몸에서 일어나는 효소 반응에는 어떤 것이 있나요?

위액에는 펩신이라는 소화 효소가 있고, 췌장의 키모트립신과 트립신이라는 효소는 단백질을 아미노산으로 분해시켜 준답니다.

식도

위 — 펩신

십이지장

키모트립신, 트립신

이런 효소는 생체 밖에서도 일어나는데 미생물 효소를 이용하여 식초, 된장, 간장, 고추장, 빵, 치즈, 요구르트, 김치를 만들지요. 주로 발효 식품을 말하는 거예요.

와, 이런 것도 효소의 역할로 만들어진 것이군요!

식초
고추장
된장
간장
치즈
빵
요구르트
김치

6

단백질도
모양이 있어요

단백질의 화학 구조는 어떤 모양인지 살펴보고,
그 가치에 대해서도 알아봅시다.

6

단백질도
모양이 있어요

뭘더는 단백질이 무엇으로
구성되었는지 알려 주겠다며
여섯 번째 수업을 시작했다.

단백질의 구성 원소

단백질은 어떤 원소로 이루어져 있을까요? 단백질은 탄소
(C), 수소(H), 산소(O) 이외에 질소(N)와 황(S)을 갖고 있답니다.

우리 몸 안의 세포에는 원형질이라고 불리는 부분이 있어
요. 이 부분은 세포의 살아 있는 부분이며 생명에 필요한 대
사 기능을 하는 곳입니다. 그런데 이러한 세포 원형질의 중
요한 성분이 탄소, 수소, 산소 이외에 질소와 유황을 갖고 있
는 화합물인 단백질이라는 것입니다.

질소는 탄수화물이나 다른 영양소에는 없습니다. 질소는 공기 중에 $\frac{3}{4}$을 차지하고 있어요. 그리고 단백질은 이 질소를 이용합니다. 질소는 땅속의 뿌리혹박테리아에 의해 질산염이라는 물질을 만들지요. 질산염은 식물에서 단백질을 만들어 내고, 동물은 이 식물 단백질을 먹음으로써 필요한 단백질을 얻습니다. 먹이 사슬로 이해하면 쉽겠지요.

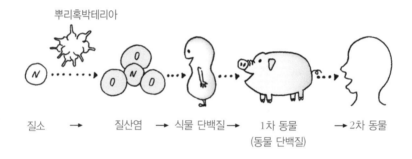

그러면 공기 중의 질소는 어떻게 생기는 것일까요? 생물체에서 이용된 질소는 동물의 사체나 배설물을 통해 흙으로 돌아가고, 박테리아의 역할로 다시 공기 중의 질소가 된답니다. 그렇게 계속 되풀이하여 순환하는 것이지요. 이른바 질소 순환이라고 합니다.

그리고 단백질에서 질소는 NH_2(아미노기)를 만들어 아미노산들이 연쇄적으로 연결되도록 합니다.

단백질의 구성

아미노산이란 무엇일까요? 단백질과 아미노산은 어떤 점이 서로 다를까요? 단백질을 알려면 아미노산을 먼저 공부해야 합니다. 둘은 떼어 놓고 생각할 수 없는 사이예요. 다시 말해 단백질은 아미노산으로 구성되어 있답니다.

이렇게 생각해 봐요. 나무를 그린다면 먼저 나무 모양을 그리고, 초록색과 밤색으로 안을 채워 색을 칠하지요. 태양을 그리려고 하면 먼저 동그라미를 그린 뒤 안에 빨간색을 칠하지요. 이와 마찬가지로 근육을 구성하는 단백질이 되려면 근육을 그려 넣고 그 안에 아미노산이 채워지면 근육 단백질이 되는 것이랍니다.

현재 식품에서 발견되고 우리 몸에서 영양소로 이용되는 아미노산은 22종 정도입니다. 단백질의 크기와 하는 일에 따라서 아미노산의 종류와 그 개수가 각기 다릅니다. 즉, 단백질을 이루는 기본 단위인 아미노산이 수백, 수천 개가 결합하여 독특한 단백질 구조를 만드는 것입니다.

블록 쌓기와 비교해서 이야기를 해 볼게요. 빨간색, 파란색, 노란색의 블록을 길게 늘어뜨려 놓고 기차를 만들 수 있어요. 벽돌도 쌓고 지붕도 올려서 집이나 성도 만들 수 있지요. 같은 블록이지만 기차를 만들면 기차놀이를 하게 되고, 집을 만들면 집짓기 놀이가 되죠. 또한 파란색으로 지으면 파란집, 초록색으로 지으면 초록집이 되겠죠?

이때 각 색의 블록을 아미노산이라고 생각해 보세요. 각기 다른 이름의 아미노산들이 어떻게 배열되었느냐, 몇 개로 합쳐져 있느냐에 따라 우리 몸에서 다른 일을 하는 단백질이 된답니다. 이제 단백질과 아미노산의 관계가 조금 이해되나요?

다음 그림은 여러 아미노산이 길게 늘어져 인슐린 호르몬을 만든 모습입니다.

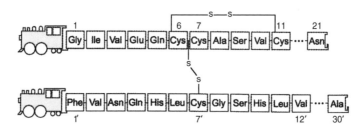

블록은 아미노산이고, 완성된 기차는 인슐린 호르몬

단백질의 구조

앞에서 인슐린 구조를 보았지요. 아미노산이 여러 개 결합된 모습이었어요. 그렇다면 아미노산은 어떻게 연결된 걸까요? 바로 펩타이드 결합에 의해서 연결되었다고 말할 수 있어요.

종이와 종이를 붙일 때도 풀이 필요하고, 나무로 가구를 만들 때도 접착제를 붙여 연결하는 것처럼, 단백질을 만들기 위해서도 아미노산들의 결합이 필요한데, 이때 아미노산을 결합시키는 방법이 펩타이드 결합입니다. 펩타이드 결합이란 하나의 아미노산의 아미노기($-NH_2$)와 다음 아미노산의 카복시기($-COOH$)가 물 분자를 생성하여 결합된 것을 말합니다.

고리 사슬을 생각해 보세요. 그러면 좀 쉬울 거예요. 고리 사슬의 연결을 보면 연결 부분에는 앞의 고리 일부분과 뒤의 고리 일부분이 엮여 있는 상태지요?

아미노산의 펩타이드 결합도 마찬가지랍니다. 고리 사슬이 연결된 형태로 아미노산이 2개, 3개, 여러 개가 결합된답니다.

이렇게 여러 개의 아미노산이 연결된 상태를 폴리펩타이드라고 합니다. 따라서 단백질은 복잡한 폴리펩타이드라고 부릅니다. 펩타이드 결합이 여러 개로 연결되어 있으니까요.

그럼, 반응식으로 살펴볼까요?

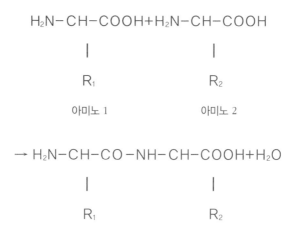

$$H_2N-CH-COOH+H_2N-CH-COOH$$

$$R_1 \qquad\qquad R_2$$

아미노 1   아미노 2

$$\rightarrow H_2N-CH-CO-NH-CH-COOH+H_2O$$

$$R_1 \qquad\qquad R_2$$

아미노산 2개로 결합된 펩타이드

펩타이드 결합이 이해가 되었으면 단백질이 어떤 구조, 어떤 모양으로 생겼는지 알아볼까요?

아미노산의 종류에 따라 단백질의 종류가 달라져요. 또한 아미노산의 개수에 따라 단백질의 종류가 달라지지요. 즉, 아미노산이 늘어진 순서에 따라 단백질의 종류가 달라지고 아미노산들이 모여서 이루어진 모양에 따라 단백질의 종류가 달라진다는 것이지요.

단백질은 둥근 공 모양이나 긴 섬유 모양 또는 코일이나 열쇠 꾸러미 모양을 이루면서 활성을 가집니다.

각 구조의 그림을 보면서 설명을 참고하세요. 단백질의 구조는 1차, 2차, 3차, 4차로 나누어서 설명이 됩니다.

1차 구조 : 기본적인 결합으로 안정된 결합 구조를 가지고 있다. 아미노산들이 결합할 때 유전자에 들어 있는 DNA의 정보 지배하에 있기 때문에 각각의 단백질은 자신만이 갖는 고유의 아미노산 배열을 갖게 된다.

구상 단백질   섬유상 단백질

단백질 1차 구조

1차 구조가 완전히 밝혀진 단백질에는 라이소자임이 있어요. 라이소자임은 달걀흰자와 눈물에서 발견되는 효소의 성분이고 아미노산 129개로 되어 있습니다.

인슐린 호르몬과 우유 속의 카세인 단백질이 이런 모양을 가졌답니다.

2차 구조 : 모직 섬유의 케라틴 단백질과 비단실의 피브로인 단백질(누에가 고치의 실을 만드는 데 이용)의 구조이다.

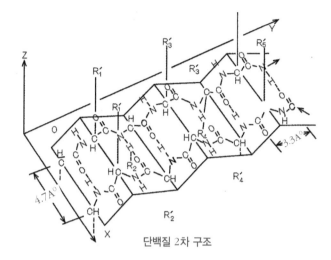

단백질 2차 구조

2차 구조는 폴리펩타이드 사슬이 수소로 결합되어 나선 구조나 병풍 구조를 만들어요.

이러한 2차 구조는 사슬이 완전히 확장되어 있기 때문에 결합이 끊어지지 않고는 늘어날 수가 없어요. 이것이 비단실이 늘어나지 않는 이유랍니다.

따라서 비단 섬유는 병풍 구조로 되어 있기에 촉감이 매우 부드럽습니다.

3차 구조 : 고래의 근육에 있는 미오글로빈은 153개의 아미노산으로 되어 있다. 이것은 끝이 심하게 구부러진 모양으로 공처럼 생겼다.

단백질 3차 구조

4차 구조 : 헤모글로빈은 4개의 사슬이 모여 하나의 단백질 분자를 구성하고, 산소와 결합하는 공 모양의 단백질이다. 혈액 내에 있는 헤모글로빈이 붉기 때문에 혈액이 붉게 보이는 것이다. 이 단백질은 폐에서 신체의 모든 조직으로 산소를 운반하는 역할을 한다.

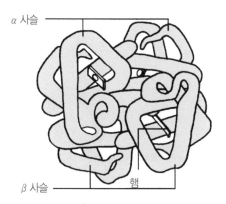

α 사슬

β 사슬   햄

단백질 4차 구조

단백질의 변성

　단백질의 입체적 구조는 주변 환경에 민감하여 안정성에 방해되는 요인이 있으면 구조가 깨어집니다. 안정성에 방해되는 요인은 무엇일까요?

　가열하거나 산 또는 기계적 작용으로 인해 자연 상태의 형태가 변화되어 제 역할을 잃어버린 것을 변성이라고 부릅니다. 그 예로 달걀흰자를 저으면 하얀 거품 상태를 볼 수 있죠. 또한 열을 가했을 때 굳어지는 달걀 단백질도 단백질의 변성된 모습입니다. 우유에 산인 식초를 첨가하면 응결이 된답니다. 이것은 우유 단백질이 변성된 것이지요.

　더 쉬운 예가 있죠. 맛있는 고기가 구워지면 무슨 색이 되던가요? 붉은색이던 고기가 불에 구워지면 갈색으로 변하는 것

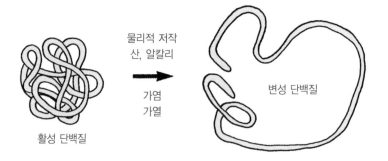

물리적 저작
산, 알칼리

가염
가열

활성 단백질

변성 단백질

단백질의 변성

을 쉽게 볼 수 있죠? 이것이 단백질이 변성된 모습이랍니다.

식품 단백질의 변성은 영양적 측면에서는 소화를 돕기도 하므로 우리 몸에 유리하게 작용합니다. 즉, 조리 과정이나 위액의 산성에 의한 단백질 변성은 소화 효소의 작용을 잘 받을 수 있어 식품 단백질의 이용성을 높이게 됩니다.

그러나 체내에서의 단백질 변성은 생리적 기능을 잃어버리는 것을 의미하여 대단히 위험한 상태에 이르게 할 수도 있습니다. 예를 들면, 효소나 호르몬을 약으로 먹었을 때 약물적 효용성을 기대할 수 없습니다. 왜냐하면 이들 단백질이 소화 기관을 통과하면서 변성되고 분해되어 아미노산 형태로 인체에 흡수되므로 영양 성분 이상의 활성을 가지지 않기 때문입니다.

선생님, 우유와 치즈, 달걀에는 단백질이 많데요. 그런데 단백질과 아미노산은 어떻게 다른가요?

단백질은 아미노산으로 구성되어 있어요.

아, 단백질이 더 큰 개념이군요?

네. 단백질을 구성하는 아미노산의 종류나 아미노산의 개수에 따라 단백질의 종류는 달라진답니다.

난 아미노산!

다시 말하면 아미노산이 나열된 순서에 따라 단백질의 종류가 달라지고, 아미노산이 모여서 이루어진 모양에 따라 단백질의 종류가 달라지는 것이지요.

그렇군요.

단백질의 구조는 어떠한가요?

단백질의 구조는 1차, 2차, 3차, 4차로 나누어서 설명이 되는데, 1차 구조는 기본적인 결합으로 안정된 결합 구조를 가지고 있지요.

구상단백질

섬유단백질

2차 구조는 폴리펩티드 사슬이 수소로 결합되어 나선 구조나 병풍 구조를 만들어요. 3차 구조는 끝이 심하게 구부러진 모양으로 공처럼 생겼지요.

4차는요?

단백질 2차 구조

단백질 3차 구조

4차 구조의 헤모글로빈은 4개의 사슬이 모여 하나의 단백질 분자를 구성하고, 산소와 결합하는 공 모양의 단백질이랍니다.

단백질 4차 구조

조금 어렵네요.

7

아미노산이
상품이 되었어요

기능성 아미노산의 효능과 미래에 발전이 기대되는
아미노산에는 어떠한 것이 있는지 알아봅시다.

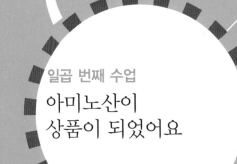

일곱 번째 수업

아미노산이
상품이 되었어요

뮐더는
아미노산도 상품이 될 수 있다며
일곱 번째 수업을 시작했다.

기능성 아미노산

앞에서 아미노산은 모든 생명 현상을 맡고 있는 단백질의 기본 구성 단위라고 했죠? 이 중 특정 아미노산의 경우 피로 회복을 좀 더 빠르게 하거나 간의 해독 작용의 일부를 돕는 효과가 있다는 것이 과학적으로 밝혀졌어요.

그러면서 이러한 기능성을 강조한 아미노산 청량음료가 빠른 속도로 사람들의 관심을 끌고 있지요. 물론 상품적으로는 많은 개발과 연구가 필요하겠죠.

음~
아미노산 음료군.
영양도, 맛도 최고야.

일본의 경우 청량음료 시장에서 아미노산의 인기는 이미 다른 산업 분야까지 확산되었습니다. 영양제로도 상품화가 되었고, 조미료 및 동물의 사료에도 널리 이용되고 있지요.

혹시 아미노산 간장이라고 들어 보았나요? 원래 간장은 메주 속의 단백질과 녹말을 가수 분해시키는, 힘이 강한 곰팡이를 번식시켜 만듭니다. 이것을 양조 간장이라고 하는데, 제조하는 데 시일이 오래 걸려서 공장에서는 아미노산 간장을 제조하여 판매한답니다.

아미노산 간장은 콩가루, 콩깻묵, 땅콩 깻묵 등을 단백질 원료로 하여 염산으로 가수 분해한 다음 탄산나트륨으로 중화시켜 얻은 아미노산에 소금으로 간을 맞추고 재래식 간장의 색과 맛, 향기를 내는 화학 약품을 첨가하여 만든 것입니다. 재래식 간장보다 만드는 시간이 단축되는 이점이 있으나 맛은 떨어집니다. 이것을 화학 간장이라고 하지요.

또한 섬유 산업에서의 단백질 응용은 새롭고도 흥미로운 사실입니다. 아미노산이 섬유 산업에 쓰인다고 하니 놀랍지 않나요? 기본적인 단백질 섬유는 천연 단백질 섬유와 인조 단백질 섬유로 나눌 수 있어요.

천연 단백질 섬유는 잘 알려져 있지요. 대표적인 것이 양털을 깎아서 만든 양모와 누에고치에서 얻어 낸 명주입니다. 명주는 반짝반짝 빛나는 비단을 말합니다. 양모는 케라틴 단백질로 되어 있고 탄성, 흡습성, 염색성이 좋아 방직 섬유로서 특히 우수합니다. 명주는 피브로인 단백질로 되어 있어요. 광택과 촉감이 좋아 옷감으로 널리 사용된답니다. 그 밖에 옥수수 단백질, 땅콩 단백질, 우유 단백질을 이용한 섬유도 있습니다.

한 회사가 기능성 섬유를 만들었어요. 여기에 이용한 아미노산은 아르지닌인데 어떠한 방식으로 섬유와 아미노산을 결합시켰는지는 기업의 비밀이라 알 수 없습니다.

대략적인 원리는 섬유와 결합한 아르지닌 아미노산이 운동을 하면서 생기는 땀에 의해 밖으로 빠져나와 피부에 닿게 되면 피부가 촉촉해지는 효과를 준다는 것입니다. 또한 피부에 대한 감촉이 일반 의류보다 월등히 좋아 운동 중에 집중력을 향상시킨다고 해요. 특히 이 소재는 50회 이상 반복 세탁해도 보습 효과를 유지할 뿐만 아니라 바이오 기술을 토대로 개발돼 단지 감성 마케팅에 의존하는 소재가 아닌 과학적 효과가 입증된 상품임을 강조하고 있답니다.

피부 밀착이 가장 큰 의류 중 여성들이 주로 사용하는 스타킹 시장에서 아미노산은 기능성 섬유의 소재로 오랫동안 연구돼 왔습니다. 실제로 스타킹의 섬유에 들어 있는 소재에는 달걀의 껍데기를 벗겼을 때 안쪽에 둘러싸인 불투명한 필름 형태의 질긴 난각막을 이용했다는 것입니다.

또 다른 사례는 마요네즈를 만드는 회사에서 연구한 것입니다. 이 회사는 마요네즈를 만들기 위해 엄청난 양의 달걀을 주원료로 사용하는데 공장에서 대량으로 쏟아져 나오는 달걀 껍데기를 재활용하기 위해 1950년대부터 많은 연구를 했다고 합니다.

1980년대에는 달걀 껍데기의 안쪽에 붙어 있는 난각막만을 100% 회수하는 기술을 개발했어요. 이를 바탕으로 버려지는 달걀 껍데기에서 화장품의 원료, 식품 첨가제 등의 부가 가치가 높은 상품을 제품화하였답니다.

나도 스타킹을 만드는 섬유가 될 수 있답니다.

또한 여기서 그치지 않고, 바이오 제품인 달걀 껍데기 단백질이 다른 산업 분야에 적용 가능한지를 알아보기 위해 피나는 연구를 한 결과, 달걀 껍데기 단백질에는 피부를 아름답게 구성하는 콜라겐의 형성을 촉진시키는 작용이 있다는 것을 밝혀냈답니다.

이러한 연구 결과를 바탕으로 지금까지 화장품의 원료, 식품 첨가제로만 활용하던 달걀 껍데기 단백질을 스타킹 등 의류 산업의 기능성 소재로 사용하게 되었어요.

아미노산이 식물에도 영향을 미친다는 사실을 알고 있나요? 식물의 각 부위에 있는 질소는 대부분 단백질 분자 내에 있는 것이에요. 그렇기 때문에 생장 시기에 따른 질소 함량의 변화는 단백질의 분해와 합성의 정도를 반영하는 것이고,

잎에서는 이러한 단백질의 절반이 엽록체에 존재합니다.

따라서 식물은 아미노산을 식물체 내에서 자체적으로 합성하거나 외부로부터 흡수하여 단백질 형태로 저장 또는 대사에너지로 전환하거나 생리 활성시키는 등 다양한 용도로 사용하고 있습니다.

아미노산의 식물에 대한 작용 단계에 대해서는 많은 부분이 아직 밝혀지지 않았지만, 각 아미노산별로 그 기능이 점차 밝혀지고 있습니다.

아미노산은 식물에 직접적으로 작용하는 것 외에도 토양의 영양원으로 작용하여 미생물의 증식을 활발하게 해 줍니다. 또한 식물의 뿌리에는 활력을 주고 토양을 기름지게 하는 역할을 하지요. 토양을 기름지게 한다는 것은 땅을 습기 있게 해 주고, 각종 영양분으로 식물의 생산력을 높여 주는 효과를 말한답니다.

녹차 아미노산에 대해 들어 보았나요? 녹차에는 특별하게 정신을 안정시키는 효과가 있어요. 이것은 녹차만의 독특한 효과로 녹차 속에 포함된 테아닌이라는 특수한 아미노산 때문이라는 사실이 과학적으로 밝혀졌습니다. 테아닌의 신경 안정 및 활성화 작용, 뇌신경 세포를 보호하는 작용은 아주 뛰어나면서도 부작용이 전혀 없답니다. 이런 점에서 실제로

치매 예방 및 치료제로 활용될 가능성이 있다는 최근의 연구 결과가 주목받고 있습니다.

프로테인디자인

효소나 항체 등의 단백질은 생체 내에서 물질대사와 면역 등 중요한 생리 기능을 맡고 있습니다. 이러한 기능을 의료와 공업 등의 분야에 더욱 효과적으로 이용하기 위하여 우리는 단백질의 새로운 기능을 연구합니다.

또한 단백질 자체의 기능을 향상시키기 위하여 단백질의 구조와 기능의 상관관계를 해석하고, 유전자 개조 등의 기술을 이용하여 유전자의 구조를 바꾸는 실험을 합니다. 새로운 유전자를 합성해서 새로운 기능을 가지는 단백질을 만들어 낸다든지, 혹은 단백질의 기능을 대체하는 고분자의 합성을 하기 위해 컴퓨터 그래픽스도 이용합니다.

록펠러 대학의 카이저 교수 등은 컴퓨터 디자인을 사용하여 이론적으로 천연 효소와 새로운 기능을 가진 반인공 효소를 합성하여, 거의 천연과 맞먹는 활성을 얻었어요.

그리고 캘리포니아 대학의 프레더릭 교수 등은 이자액 중

에 단백질 분해 효소인 트립신의 유전자를 개조하고, 라이신
이나 아르지닌의 어느 한쪽 아미노산만을 절단한 후, 이 유
전자를 박테리아에 주입하여 새로운 트립신을 생산하는 데
성공하였습니다.

이게 뭔 줄 알아? 바로 몸에 좋다는 아미노산 음료야.

근데 아미노산이 뭔지 알고나 먹는 거야?

알긴 아는데…. 선생님께서 좀 알려 주세요.

아미노산은 단백질의 구성단위예요. 이중 특정 아미노산의 경우 피로 회복을 보다 빠르게 하거나 간의 해독 작용의 일부를 돕는 효과가 있지요.

아, 광고에서 본 적이 있어요.

피로야 가라

하하, 맞아요. 일본의 경우 아미노산이 영양제, 조미료 및 동물의 사료에도 널리 이용되고 있어요.

영양제

JAPAN

조미료

그렇군요.

섬유 산업에서도 아미노산 이 쓰인답니다. 즉, 단백질 로 이루어진 섬유가 있다 는 말이지요.

정말이요?

천연 단백질 섬유인 양모는 케라 틴 단백질로 되어 있고, 명주는 피 브로인 단백질로 되어 있어서 광택 과 촉감이 좋아 옷감으로 널리 사 용되지요.

양털을 깎아서 만든 게 양모이고, 누에고 치에서 얻어 낸 게 명주지요?

양모

케라틴 케라틴 케라틴 케라틴 케라틴 케라틴

명주

피브로인 피브로인 피브로인 피브로인

똑똑하다.

또한 아미노산은 토양 미생물의 영 양원으로 작용하여 식물의 뿌리에는 활력을 주고 토양을 기름지게 하는 역할을 하지요.

아미노산에 관해서 많이 알게 되었네요.

활력

기름지게

바쁘다 바빠

여러 종류의
아미노산이 있어요

여러 가지 아미노산의 효능을 알아봅시다.

여러 종류의
이미노산이 있어요

뭘더는
여러 종류의 아미노산을 소개하며
여덟 번째 수업을 시작했다.

아미노산의 구조

아미노산의 구조를 살펴볼까요?

아미노산은 아미노기($-NH_2$)와 카복시기($-COOH$)를 갖고 있어요. 아미노기는 알칼리성이고, 카복시기는 산성이므로 양성 화합물이 되는 것이죠. 그렇기 때문에 체액을 중화하는 데 중요한 역할을 한답니다.

일반적으로 아미노산은 흰색 결정이며 비교적 안정된 물질로 녹는점이 높아 명확한 녹는점을 알기가 어려워요. 아미노산의 일반 화학 구조는 아래와 같습니다.

$$NH_2$$

$$|$$

$$R - C - COOH$$

$$|$$

$$H$$

아미노산은 산성과 염기성을 동시에 가지고 있어요.

위의 구조에서 볼 때 R 그룹이 없으면 항상 중성을 유지하지만 R 그룹에 $-NH_2$가 하나 더 붙으면 그 아미노산은 염기성을 나타내고, R 그룹에 $-COOH$가 더 붙으면 산성을 나타냅니다.

필수 아미노산

단백질은 체내에서 아미노산으로 분해된 후 흡수되어 이용됩니다. 따라서 단백질의 영양가는 그 속에 함유되는 아미노산의 종류와 양에 의하여 정해집니다.

아미노산은 체내에서 다른 아미노산으로부터 만들어지는 것과, 체내에서는 합성되지 않고 음식으로 섭취해야 하는 것이 있어요. 섭취하지 않으면 완전한 단백질이 되지 않지요. 이렇게 체내에서 합성할 수 없는 아미노산을 필수 아미노산(불가결 아미노산)이라고 하지요.

필수 아미노산의 종류는 성장 시기에 따라 다르지만, 성인의 경우에는 아이소류신·류신·라이신·페닐알라닌·메티오닌·트레오닌·트립토판·발린으로 8종이고 어린이의 경우에는 아르지닌과 히스티딘을 더하여 10종으로 알려져 있어요.

필수 아미노산 각각의 생긴 모습과 그것의 기능에 대해서는 다음 수업에서 자세하게 설명하겠습니다.

비필수 아미노산

비필수 아미노산(가결 아미노산)이란 우리 몸에서 합성되어 영양원으로 보급할 필요가 없는 아미노산을 말해요. 필수 아미노산이 아닌 것이 여기에 해당합니다.

그 종류는 동물에 따라서 약간 다르지만, 사람(성인)의 경우 글라이신 · 알라닌 · 세린 · 아스파트산 · 글루탐산 · 프롤린 · 옥시프롤린 · 아르지닌 · 시스틴 · 히스티딘 · 타이로신 등이 비필수 아미노산에 해당됩니다.

　단백질을 완전히 가수 분해하면 암모니아와 아미노산이 만들어집니다. 그렇다면 가수 분해는 무엇일까요? 가수 분해란 물 분자가 작용하여 일어나는 분해 반응을 말하는 것이에요. 즉, 단백질이 물을 잃고 결합이 끊기어 암모니아와 아미노산으로 분해된다는 것이지요. 몸 안에서 가수 분해가 일어나는 현상은 많아요. 사람의 소화기 내에서 식물이 소화되는 것도 가수 분해에 의한 것이랍니다.

　이런 아미노산은 어떻게 발견되었을까요? 처음 발견된 아미노산은 아스파트산으로 아스파라거스의 싹에서 새로운 결정을 분리시킨 것이지요.

　아스파라거스란 식물은 알고 있죠? 어버이날 카네이션 꽃을 둘러싸고 장식하는 것 말이에요. 그래서 이것을 아스파트산이라고 이름을 붙였답니다.

　또한 아교와 고기, 양털을 황산으로 분해하여 아미노산을 얻었지요. 아교에서는 글라이신이라는 아미노산을 얻었으며, 고기와 양털에서 류신 아미노산을 분리시켰답니다. 그후 트레오닌이라는 아미노산이 발견되기까지 약 130년에 걸쳐 22종의 주요 아미노산이 발견되었어요.

이 밖에 자연계의 특수한 단백질 구성 성분에서 각종 아미노산이 발견되었어요. 그 수는 약 360종 이상에 이르고 있답니다.

일반적으로 아미노산은 흰색 결정으로 되어 있어요. 몇 가지 아미노산을 소개할게요.

아미노산의 종류와 역할

라이신

라이신은 거의 모든 단백질에 포함되어 있는데, 특히 근육 단백질에 많이 포함되어 있는 염기성 아미노산이에요.

사람의 경우, 체내에서는 합성되지 않으며 물이 작용해서 바늘 모양의 결정이 이루어지지요.

따라서 라이신은 동물성 단백질에는 많지만 곡류 단백질에는 적어서 부족하기 쉬운 아미노산이에요. 그래서 밀가루 제품에 라이신을 넣으라고 강조합니다.

또한 라이신의 아미노기는 당분과 반응하기 쉬워 식품을 갈색으로 변화시키기도 합니다. 그러나 다른 화합물과 결합한 라이신은 영양상 효과가 없어져요.

몸 안에서 라이신의 대사 장애가 오면 지능 장애와 성장 장애, 경련 등의 증세가 나타납니다.

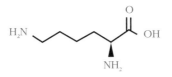

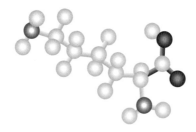

페닐알라닌

페닐알라닌은 탈지유에 들어 있는 중성 아미노산이에요. 물에는 잘 녹지 않으며 메탄올, 알코올에도 거의 녹지 않습니다. 영양상 필수 아미노산이지요.

드물지만 선천성 대사 이상으로 페닐케톤뇨증이란 대사 장애가 생기기도 하는데, 이 병은 페닐알라닌 분해 효소가 없어서 생기는 것이에요. 출생 당시는 증상이 나타나지 않지만 뇌 손상을 받아 1살경에는 지능 지수가 50 미만이 됩니다. 증상은 자주 토하고 다른 형제보다 눈동자 색이 푸를 수도 있으며 전반적으로 성장도 늦습니다.

갓 태어난 아기의 경우 단백질 함량이 높은 우유를 먹이면 뇌 발육에 지장을 줄 수 있기 때문에 반드시 모유에 들어 있

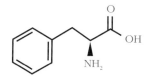

는 정도의 단백질을 주어야 합니다. 그리고 이런 경우는 태어나면서부터 페닐알라닌을 제거한 식품으로 키워야만 뇌손상을 방지할 수 있답니다.

페닐알라닌이 부족하면 식욕이 떨어지고 무기력해집니다. 또한 빈혈이 생기고 설사가 나타나며 심해지면 사망하기도 합니다.

트립토판

트립토판은 우유 속에 들어 있는 단백질인 카세인에서 분리된 중성 아미노산이에요. 영양상으로는 필수 아미노산의 하나로 여러 가지 식품 속에 들어 있지만 함량이 적어서 결핍되기 쉬운 아미노산이지요. 체내에서 단백질 합성에 필요할

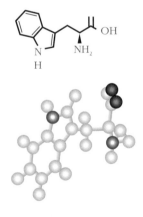

뿐만 아니라 비타민의 일종인 니코틴산을 만들어 내는 재료로도 중요하답니다.

옥수수에 들어 있는 단백질에는 트립토판이 함유되어 있지 않기 때문에 옥수수를 주식으로 하는 곳에서는 트립토판과 니코틴산이 부족하여 햇빛을 쏘이면 거칠고 건조한 피부염과 염증이 생긴답니다. 또한 이 아미노산이 부족하면 감정의 기복이 심해서 불안해하고 자살 충동을 많이 느낀다고 보고되어 있어요.

아이소류신

필수 아미노산의 하나로 체내에서는 합성되지 않습니다. 물에 녹고 알코올에는 녹지 않아요. 아이소류신은 필수 아미

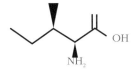

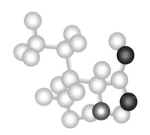

노산이지만 식품 단백질에 널리 분포하기 때문에 결핍되는 경우는 없어요.

메티오닌

황을 함유한 아미노산의 하나입니다. 간장, 치즈 등 발효 식품의 향기는 메티오닌에서 유도된 알코올에 의한 것이 많습니다.

또한 의약품으로서 간 질환이나 여러 가지의 중독증을 치료하는 데 사용됩니다. 메티오닌 대사 장애가 오면 지능 장애, 경련, 걷는 데에 장애가 옵니다.

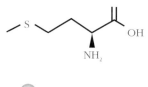

타이로신

바늘 모양 결정이에요. 물이나 알코올, 벤젠 등에 거의 녹
지 않지요. 많은 단백질 속에 함유되어 있지만, 특히 카세인,
명주실 단백질인 피브로인 속에 있어요. 오래된 치즈 속에도
들어 있고요.

페닐케틴뇨증은 페닐알라닌을 타이로신으로 분해하는 효
소의 결핍으로 태어날 때부터 체내에 많은 양의 타이로신이
축적되어 나타나는 병으로, 간 또는 신장에 주로 문제가 생
기며 2살경에는 간 기능이 나빠져 사망할 수도 있습니다.

단백질 식품과 영양

우리 몸을 이루고 있는 단백질은 어떻게 만들어질까요? 우리 몸에서 만들어 낼 수도 있고 아닐 수도 있어요. 다시 말하면, 먼저 단백질이 들어 있는 음식을 섭취해야 합니다.

그렇다면 단백질 음식을 섭취했을 때 곧바로 단백질을 이용할 수 있을까요? 아닙니다. 음식을 먹으면 우리 몸에서 곧바로 영양소로 이용되는 것은 아니에요. 음식을 통해 들어온 영양소들은 우리 몸에서 여러 단계를 거쳐 형태를 바꾸어서 이용됩니다.

단백질의 경우, 음식을 통해 단백질 영양소가 들어오면 몸에서는 소화, 흡수하기 좋게 아미노산으로 분해합니다. 그러면 그 아미노산들이 모여서 근육도 만들고, 면역 성분도 만들고 머리카락도 만드는 거예요. 그러나 몸에서는 필요한데 합성할 수 없는 필수 아미노산은 반드시 음식으로 섭취해야만 합니다.

오른쪽 페이지의 그림은 유아와 10~12세 어린이, 성인에게 체중 1kg당 필수 아미노산이 어느 정도로 필요한지에 대한 비율을 보여 주고 있습니다.

그러면 무슨 음식을 먹어야 필수 아미노산을 섭취할 수 있

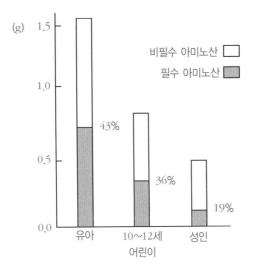

유아, 10~12세 어린이, 성인의 필수 아미노산 필요량

을까요?

앞에서 이미 말했으므로 단백질 식품에 대해서는 잘 알고 있을 거예요. 식품마다 필수 아미노산의 양이 조금씩 다른 것도 잘 알고 있을 것이고요. 쇠고기, 닭고기, 돼지고기를 포함하는 육류, 우유, 달걀, 생선류 등의 동물성 식품과 콩류 등의 식물성 식품에 필수 아미노산이 있지요.

동물성 식품은 지방이 많이 들어 있어서 먹을 때 조금 주의해야 하지만, 몸에 필요한 아미노산을 갖고 있어요. 반면에 식물성 식품은 지방은 적게 들어 있으나 몸에 필요한 아미노산이 한, 두가지 부족할 수 있지요. 그러므로 적당한 영양 공급을 위해서는 동물성 식품과 식물성 식품을 적절히 섞어서 먹어야 하지요.

그래프에서 보았듯이, 유아는 필수 아미노산의 필요량이 43% 정도이고, 10~12세 어린이의 필수 아미노산의 필요량은 36%이며, 성인은 19% 정도가 되지요. 따라서 어릴수록 필수 아미노산이 들어 있는 식품을 많이 먹어야 한답니다.

그러나 아미노산 대사 장애가 있는 어린이는 아래의 표를 참고하여 해당 음식을 먹을 때 주의해야 합니다.

표를 보면 페닐알라닌이 제일 많이 들어 있는 식품이 우유

종류 / 식품	아이소류신	류신	라이신	페닐알라닌	메티오닌	트레오닌	트립토판	발린
아미노산 표준구성	250	440	340	380	220	250	60	310
우유	400	781	450	819	213	275	88	463
달걀	388	550	438	619	363	319	94	425
쇠고기	300	506	556	500	250	288	69	313
대두	281	488	400	506	163	244	81	300
쌀	263	513	225	500	231	206	81	336
밀가루	225	438	131	450	250	169	69	256
감자	238	375	300	419	119	238	100	294
옥수수	231	781	169	544	219	225	44	300

몇 가지 식품의 필수 아미노산 함량(mg/g의 질소)

이지요. 그리고 달걀과 쇠고기 등에도 페닐알라닌이 많이 들어 있잖아요? 그러면 페닐케톤뇨증 어린이는 그런 음식을 먹지 않거나 먹더라도 좀 더 조심해야 한다는 말이에요.

우리 몸을 이루고 있는 단백질은 어떻게 만들어지죠?

우리 몸에서 만들어 내는 건가요?

우선 단백질이 들어 있는 음식을 섭취해야 해요.

하지만 단백질 음식을 먹었다고 곧바로 영양소로 이용되는 것은 아니고, 여러 단계를 거쳐 형태를 바꾸어서 이용되지요.

복잡한 단계

단백질 이용

그렇군요.

음식을 통해 단백질 영양소가 들어오면 몸에서는 소화, 흡수하기 좋게 아미노산으로 분해해요. 그 아미노산들이 모여서 근육, 면역 성분, 머리카락 등을 만들죠.

그렇게 근육이 생기는 거였군요.

머리카락도 만들자.

단백질

근육을 만들자~.

단백질

그러나 몸에서는 필요한 데 합성할 수 없는 아미노산이 있어요. 그런 아미노산은 반드시 음식으로 섭취해야 하는데 이런 것을 필수 아미노산이라고 해요.

필수 아미노산에는 어떤 것들이 있나요?

우유

필수 아미노산이 필요해!

치즈

아이소류신, 류신, 라이신, 페닐알라닌, 메티오닌, 트레오닌, 트립토판, 발린이지요.

총 8종이군요.

아이소류닌, 류닌, 라이닌, 페닐알라닌, 메티오닌, 트레오닌, 트립토판, 발린

이 그래프는 유아와 10~12세 어린이, 성인에게서 필수 아미노산이 어느 정도의 비율로 필요한지를 보여 주는 것이에요.

비필수아미노산
필수아미노산

43%

38%

19%

유아   10~12세   성인
        어린이

어린이의 성장에 꼭 필요하네요.

단백질 음식의
뒤를 **추적**해 봐요

단백질이 우리 몸속에서 소화, 흡수, 대사되는
과정을 알아봅시다.

9

아홉 번째 수업

단백질 음식의
뒤를 추적해 봐요

뭘더는 단백질이
가는 길을 따라가 보자며
아홉 번째 수업을 시작했다.

소화와 흡수

이번 시간에는 단백질 음식을 먹으면 이것이 몸 안에서 어
떤 길을 가는지 알아볼까요?

단백질의 소화는 입에서는 거의 일어나지 않고 위에서부터
시작된답니다. 위에서 단백질 분해 효소의 하나인 펩신에 의
해 분해가 되기 시작하지요. 펩신은 단백질이 위에 들어오기
전에는 활성이 되지 않은 펩시노젠 상태로 있어요. 그러다가
단백질이 들어오면 염산에 의해 활성화되어 더욱 작은 단백

질 분자로 분해합니다. 펩신은 위에서는 활성이 크지만 소장으로 내려가면 활성을 잃게 되지요. 1차적으로 변성이 된 단백질은 소화 효소에 의해 더 쉽게 분해되는 것이에요. 그런 후 식사를 통해서 들어온 다른 영양소들과 함께 죽과 같은 상태로 십이지장으로 이동하게 됩니다.

변성은 어떤 상태를 말하는 것일까요? 변성은 단백질의 아미노산 결합들은 전혀 무너뜨리지 않고 단백질 분자의 공간적 배열이나 모양에 있어서 변화가 생기는 것을 말합니다. 컵에 물을 담았다가 병에 담으면 물은 그대로 있지만 담긴 곳에 따라 모양이 다르지요? 이것처럼 물을 아미노산 결합으로 볼 때 컵에 담기거나 병에 담긴 상태는 단백질의 모양으로 이해하면 쉬울 거예요.

또한 단백질은 산, 열, 수소 이온 농도 및 소금 농도에 의해서 변성이 될 수 있어요. 고기를 굽는다고 생각해 보세요. 열을 가하면 색은 변하지만 단백질의 질은 그대로이지요? 그러므로 단백질은 조리를 통해서 변성이 되어 소화가 쉽게 일어납니다. 야채와 같이 조리를 하지 않은 식품은 강산인 위산에 의해서 변성이 되기도 합니다. 그러나 음식에 열을 가하는 것이 반드시 단백질 소화를 좋게 하는 것은 아니에요. 음식의 단백질들이 탄수화물과 반응을 일으켜 소화를 잘 안 되게 할 수도 있기 때문이죠.

그러면 소장에서 분해된 아미노산은 이제 어디로 갈까요? 단백질은 소장에서 아미노산으로 분해되어 융털의 모세혈관으로 흡수되고 문맥을 지나서 간으로 가게 됩니다. 문맥이란 위, 장, 이자의 혈액이 하나로 모여 간으로 들어가는 정맥을 말해요. 소화관으로부터 흡수된 양분은 모두 문맥에 의해 간 내로 들어가게 됩니다. 간에서 하는 중요한 일은 알고 있지요? 바로 해독이잖아요. 간으로 들어온 해로운 물질은 해독이 되기도 하지요.

이때 약간의 단백질은 소화되지 않은 상태로 흡수되어 면역 반응을 일으키기도 한답니다. 알레르기 반응이라고 하지요. 특히 1살 미만인 신생아나 영아들은 장 기능이 제대로 되어 있지 않지요. 그래서 단백질을 많이 먹으면 소화되지 못한 단백질이 그대로 흡수되어 알레르기를 일으킬 가능성이 있습니다.

단백질 식품으로 인한 알레르기는 두드러기, 두통, 심장 박동 수의 증가로 나타나며 우유, 달걀흰자, 흰콩, 새우, 토마토가 알레르기를 일으킬 수 있는 식품으로 꼽힌답니다.

소화란 단백질 분해 효소들이 단백질을 형성하는 폴리펩타이드의 중간을 여기저기 분해시키거나, 끝에 있는 아미노산

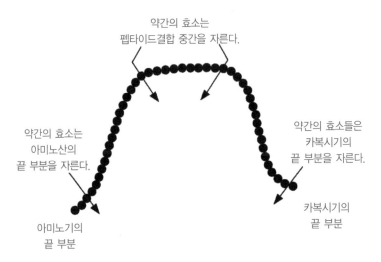

약간의 효소는
펩타이드결합 중간을 자른다.

약간의 효소는
아미노산의
끝 부분을 자른다.

약간의 효소들은
카복시기의
끝 부분을 자른다.

아미노기의
끝 부분

카복시기의
끝 부분

단백질 소화 효소의 특수 성분

을 하나씩 분해시키는 겁니다.

단백질 소화에 의해서 만들어진 아미노산들은 소장 내로 흡수되기 위해서 에너지를 필요로 합니다. 또한 소장 점막 세포의 융털이나 점액에 들어간 아미노산들은 문맥으로 흡수되어 간으로 운반됩니다.

단백질 대사

단백질의 소화와 흡수를 알았으니 이제 우리 몸에서 어떻게 대사 과정을 거치는지 알아볼까요?

간은 식사로 섭취하여 들어온 대부분의 아미노산이 이동하는 중요한 장소이며 이렇게 흡수된 아미노산의 성질을 파악하여 신체의 요구에 맞게 아미노산의 대사 속도를 조절하는 역할을 하지요. 흡수된 아미노산은 문맥을 통해 간으로 가서 혈장 단백질을 만들어요.

혈장 단백질 중 가장 풍부한 것이 알부민인데 간에서 합성하여 혈액으로 보내지요. 알부민이 내장에 얼마만큼 있는가 하는 것으로 단백질이 얼마나 들어 있는지를 알 수 있다고 해도 지나친 말이 아닙니다.

알부민은 영양소를 운반하는 기능이 있어요. 가끔 힘이 없거나 아프고 난 후에 어른들이 병원에 가서 알부민 주사를 맞는다는 이야기를 들은 적이 있을 거예요.

그러면 이번에는 몸속에 아미노산을 저장하여 쓰는 대사 과정에 대해 말해 보도록 하죠.

개미는 식량을 열심히 저축합니다. 여러분도 저축을 하죠? 저축은 왜 하나요? 돈이나 식량을 저축하는 것은 필요할 때 사용하기 위해서이지요.

아미노산도 마찬가지입니다. 간으로 보내진 아미노산은 간 조직을 보수하여 일부는 간에 아미노산을 저장시키는 곳을 만듭니다. 혈액도 아미노산을 신체 각 조직으로 보내서 조직세포에서 아미노산을 저장시키는 곳을 만든답니다. 이렇게 저장하고 있다가 필요할 때에 아미노산을 보내주는 것이지요.

저장해 놓은 아미노산이 어떻게 쓰이는지 살펴보죠.

우리 몸의 조직 세포들은 한 번 형성되면 그대로 머물러 있는 것처럼 보이지만, 실은 그렇지 않답니다. 그렇다고 강물처럼 흘러가는 것은 아니에요. 강물은 한쪽으로 흘러가지만 각 조직 사이의 아미노산은 그렇지 않습니다.

다시 말하면 간과 혈액과 조직에 있는 아미노산은 계속적으로 교류가 되고 있어요. 서로 주고받는다는 말이에요. 계속적인 교류가 이루어지면 몸에서는 각 조직 세포에 머물러 있던 단백질이 새로운 단백질로 대치됩니다. 단백질이 교체된다는 말이지요. 활동이 많은 부위는 새로운 것으로 바뀌는 비율이 더 높습니다.

소장에 있는 세포는 3~4일 만에 교체되고, 간과 혈청 단백질의 경우는 6일이 지나면 원래 있던 단백질의 $\frac{1}{2}$이 새로운 단백질로 대치됩니다.

반면에 근육 단백질은 180일이 지나서야 절반이 새 단백질로 대치되지요. 그리고 콜라겐은 새로운 것으로 바뀌는 데

1년이 넘게 걸린답니다.

콜라겐은 어떤 일을 할까요? 콜라겐은 동물의 뼈나 힘줄, 피부를 만드는 단백질로 조직을 만들어 세포와 세포 사이에 붙여 준답니다. 이러한 콜라겐은 앞에서 설명한 젤라틴 단백질처럼 물이나 산, 알칼리에 오랜 시간 끓이면 아교가 됩니다. 생활에서도 물건을 다 쓰면 새것을 사서 쓰듯이 몸 안에서도 그러한 일이 일어나고 있어요. 정말 놀랍죠!

과학자의 비밀노트

콜라겐

콜라겐이 피부 탄력 유지와 골밀도 증가, 모발의 결함 회복에 유용하다는 사실은 잘 알려져 있었다. 그러나 최근 콜라겐에서 분리한 물질이 성장 촉진 효과도 보인다는 연구 결과가 나왔다.

한국 농촌진흥청은 돼지 껍데기 내 콜라겐 단백질에서 분리한 펩타이드를 실험 동물에 투여한 결과, 뼈 성장을 크게 촉진시켰다고 밝혔다. 특히 돼지 껍데기의 경우 가격대가 낮아 아이들 성장에 도움이 되는 건강보조식품으로 활용할 경우 가축 부산물의 소비 촉진은 물론 부가가치 향상에도 기여할 수 있을 전망이다.

흡수된 아미노산은 어떻게 될까요? 앞에서 설명한 단백질의 기능을 기억하죠? 바로 그런 역할들을 우리 몸에서 하는 거예요. 즉, 흡수된 아미노산은 단백질 합성과 보수 이외에 연소되어 열량을 주며 탄수화물과 지방으로 바뀌어 몸에 저장되기도 하지요.

연소되어 열량을 공급하는 부분을 좀 더 설명할게요.

아미노산의 구조를 다시 생각해 보세요. 아미노산이 분해되어 아미노기를 제거하면 질소가 들어 있지 않은 부분은 탄수화물 대사의 회로와 지방 대사의 회로에 의해 연소되어 열량을 공급하게 됩니다.

단백질이 몸 안에서 대사를 한 결과, 섭취 단백질의 질소 중 약 80%에 해당하는 것은 요소가 되고 남은 질소도 요산, 크레아틴, 암모니아 등의 물질이 되어 오줌으로 배설됩니다. 보통 성인이 하루에 오줌으로 배설하는 질소 총량은 섭취한 단백질 중의 질소량에 해당합니다.

오줌이 어떻게 만들어지는지 좀 더 알아볼까요? 오줌은 요소를 만들어 배출시키는 것입니다. 요소가 만들어지는 것은 간에서만 할 수 있어요. 이것은 체내의 암모니아를 없애기 위한 중요한 반응입니다.

우리 몸에서 많은 암모니아가 만들어지면 어떻게 되겠어요? 암모니아는 독성을 띠므로 뇌 기능이 손상되거나 혼수상태를 일으킬 수도 있어요.

요소란 무엇인지 알아볼까요? 아미노산의 질소가 분해될 때 암모니아가 되는데, 암모니아가 몸 안에 쌓이게 되면 독성을 띠므로 배설하거나 독성이 없는 물질로 바꿔 주어야 합니다. 따라서 암모니아를 요소라는 물질로 바꾸어서 소변으로 배설시키는 것이지요.

예를 들어 물속에 사는 동물이나 어류는 암모니아를 그대로 내보내는데 파충류나 조류는 요산이라는 물질로 바꿔서 내보냅니다.

요소는 아래와 같은 화학 구조를 가졌어요. 요소는 대부분 오줌으로 배설되지요. 그러나 일부는 소화기로 분비된 후 장에 사는 박테리아의 분비물에 의해 암모니아로 분해됩니다.

$$H_2N - C - NH_2$$
$$O$$

장에 있는 암모니아는 장 세포로 흡수되고 간의 정맥을 거쳐 간세포로 옮겨진 후 이산화탄소와 결합합니다. 이러한 일련의 과정을 통해 다시 요소로 만들어지는 것이지요.

오늘 저녁은 정말 맛있어요.

너무 많이 먹은 것 아닌가요? 과식은 좋지 않아요.

근데 이렇게 먹은 단백질은 어떻게 소화가 되는 건가요?

단백질의 소화는 위에서부터 시작되지요. 위에서 단백질 분해 효소의 하나인 펩신에 의해 분해가 되기 시작합니다.

단백질

펩신

그럼 위에서 모두 소화되는 건가요?

아니에요. 1차적으로 변성이 된 단백질은 식사를 통해서 들어온 다른 영양소들과 함께 죽과 같은 상태로 십이지장으로 이동하게 됩니다.

위

십이지장

단백질

창자로 가지요. 그런 다음 문맥을 지나서 간으로 갑니다. 간에서 하는 중요한 기능을 알고 있나요?

그다음은요?

간은 해독을 담당한다고 들었어요.

맞아요. 간으로 들어간 해로운 물질은 해독이 되기도 하지요. 이때 약간의 단백질은 소화되지 않은 상태로 흡수되어 면역 반응을 일으키는데, 이것을 알레르기라고 해요

잘 알고 있군요. 우유뿐만 아니라 달걀흰자, 흰콩, 새우, 토마토 등도 알레르기를 일으킬 수 있는 식품으로 꼽히지요

저도 알아요. 재채기, 두드러기, 두통 등이 생기는 거죠? 제 친구 중에는 우유 알레르기가 있는 친구도 있는 걸요.

MILK

10

단백질은 유전 정보를 갖고 **합성**을 해요

단백질 합성 과정에 대해 알아봅시다.

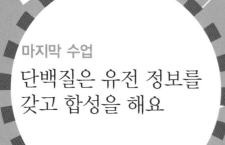

마지막 수업

단백질은 유전 정보를
갖고 합성을 해요

뭘더는 단백질 합성이
무엇인지 한 번 더 설명하며
마지막 수업을 시작했다.

단백질 합성

아미노산들은 펩타이드 결합에 의해 거대하게 큰 단백질을
만든답니다. 이것을 단백질 합성이라고 해요.

만화 속 로봇들이 적과 싸우다가 합체를 하여 크고 힘센 로
봇을 만들지요. 로봇 태권 V처럼 말이에요. 그런데 정확히
합체되지 않는다면 어떻게 될까요? 황당한 상황이 벌어지겠
죠?

단백질 합성도 그래요. 아미노산들은 정확히 자기 위치를

찾아가서 합성하고 복제한답니다. 그 작업은 정확하고 정교하게 이루어지지요. 2개의 톱니바퀴가 맞물려 돌아가는 것을 생각해 보세요. 정확한 자리가 맞물리지 않으면 돌아가지 않지요? 마찬가지로 아미노산들이 정확한 위치에 놓여 있지 않으면 합성이 이루어지지 않거나 문제가 생깁니다.

단백질 합성을 알려면 몇 가지 용어를 알아야 해요. 우선 소포체가 어디에 있는지 알아야 해요. 소포체는 세포막에서 핵막까지 연결되어 있는 납작한 주머니 모양으로 막의 표면은 그물 모양의 작은 관으로 되어 있답니다. 그런 소포체는 단백질의 합성에 관여하고, 합성된 단백질은 막을 통하여 소포체로 이동하여 세포 밖으로 운반됩니다.

정리해 보면 단백질 합성은 세포의 소포체에 붙어 있는 많은 리보솜에서 이루어집니다. 이 리보솜은 세포 내에 있는 RNA의 약 80%를 가지고 있어요.

DNA와 RNA는 핵산입니다. DNA의 역할은 유전 정보를 보존하고 전달하는 것이고, RNA의 역할은 그것을 실행하는 것입니다.

모든 사람의 얼굴과 지문이 다르듯이 우리 몸의 모든 유전 정보가 들어 있는 DNA는 사람마다 다르지요.

RNA에는 m-RNA, t-RNA, r-RNA가 있고요. 그러면 단

백질 합성 과정이 어떻게 일어나는지 볼까요?

1. 핵에 항상 존재하는 DNA는 고유의 유전 정보를 가지고 있다. 이 유전 정보에 의하여 DNA는 핵 내에서 m-RNA에 유전 정보를 전달한다.

2. m-RNA는 핵을 떠나 소포체를 통해 리보솜으로 이동하여 단백질을 합성하는 틀을 만든다. 그러면 이미 활성화된 아미노산들이 고유의 t-RNA와 결합하여 단백질 합성에 필요한 위치에 나열되고, 리보솜의 틀에 놓인 m-RNA에 자기 위치에 맞는 장소로 아미노산을 계속 운반한다.

3. 활성화된 아미노산이 펩타이드 결합으로 연결되어 자기 고유의 유전 정보를 DNA로부터 받아서 폴리펩타이드를 형성한다.

4. 새로이 형성된 폴리펩타이드는 리보솜에서 분리되고, t-RNA는 m-RNA 틀에서 방출되어 새로운 단백질을 합성할 준비를 하게 된다.

단백질 합성 이야기가 조금 어려웠나요?

하지만 미래에 과학자를 꿈꾸거나 과학에 관심이 있는 여러분은 단백질이 생명 과학에 아주 중요한 부분임을 기억해 주세요.

단백질의 명명자
뮐더 Gerardus Johannes Mulder, 1802~1880

뮐더는 네덜란드의 화학자로 '단백질'이라는 말을 처음으로 사용하였습니다.

현재 우리가 사용하는 단백질(protein)이라는 말의 어원은 그리스 어로 proteus(첫째라는 뜻), 즉 몸을 구성하는 주요 물질을 의미합니다.

뮐더는 알부민에 대한 관심으로 이를 연속적으로 분리하였고, 계속해서 원소 분석을 시도했습니다. 이로 인해 뮐더에 의해 거의 최초로 유기 화학의 원소 분석이 생리학에 적용될 수 있다는 가능성이 열린 것입니다.

뮐더는 1837년을 전후해서 원소 분석을 통해 동물에 존재하는 알부민, 피브린, 카세인과 식물 알부민의 화학적 구성을 발표했습니다. 즉 알부민에 대한 관심으로 이를 연속적으로 분리하고, 최초로 유기 화학의 원소 분석을 생리학에 적용시켰습니다.

1839년의 논문 〈몇몇 동물 물질들의 구성에 관하여〉는 그 동안 과량의 탄소, 수소, 질소와 인산을 분석하는 것을 내용으로 하고 있습니다. 분석 결과 피브린 원자는 1개의 인산 원자를, 혈장 알부민은 1개의 인산 원자와 2개의 황 원자를 보유하며 대부분의 성분이 탄소, 수소, 질소, 산소의 특정 성분비로 구성된 유기물로 되어 있었습니다.

식물의 알부민과 동물 혈장의 알부민은 기본 성분에서 별반 차이가 없습니다. 또한 혈장 알부민과 피브린의 차이도 황 원자 수의 차이일 뿐입니다. 또한 단백질은 동물 영양의 필수적인 부분으로 여겨졌기 때문에, 동물은 식물로부터 얻은 단백질을 변형시킬 필요가 없게 되는 것입니다. 많은 화학자들은 뮐더가 오랫동안 생리학자들을 괴롭히던 동물 영양의 문제를 해결했다고 생각했습니다. 따라서 동물에게 필수적인 영양 물질의 흡수 과정이 설명된다면 다른 물질들의 그것도 충분히 설명될 수 있을 것입니다.

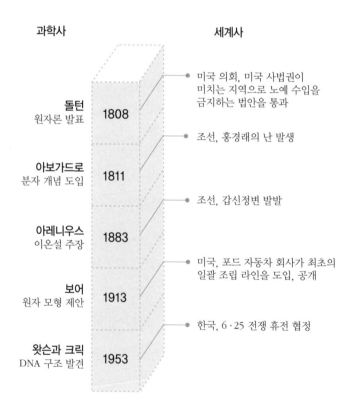

과학사

세계사

돌턴
원자론 발표

1808

● 미국 의회, 미국 사법권이
미치는 지역으로 노예 수입을
금지하는 법안을 통과

● 조선, 홍경래의 난 발생

아보가드로
분자 개념 도입

1811

● 조선, 갑신정변 발발

아레니우스
이온설 주장

1883

● 미국, 포드 자동차 회사가 최초의
일괄 조립 라인을 도입, 공개

보어
원자 모형 제안

1913

● 한국, 6·25 전쟁 휴전 협정

왓슨과 크릭
DNA 구조 발견

1953

1. 소변 속에 있는 ☐☐ 의 양을 측정하면 단백질이 몸속에서 얼마만큼 분해되고 산화되었는가를 측정할 수 있습니다.

2. HDL이 만드는 ☐☐☐ 은 사람의 간에서 분비되는 소화액이며 담낭에 저장되었다가 십이지장으로 분비됩니다.

3. 우유와 빵을 같이 먹거나 빵을 반죽할 때 우유를 넣는다면 아미노산이 보완되어 ☐☐ 단백질이 됩니다.

4. ☐☐ 는 질병에 대한 저항력을 가지게 하는 물질로 우리 몸을 세균, 바이러스로부터 보호합니다.

5. 체내에서 합성할 수 없는 아미노산을 ☐☐ 아미노산이라고 하며, 아르기닌과 페닐알라닌 등이 있습니다.

6. ☐☐☐ 은 동물의 뼈나 힘줄, 피부를 만드는 단백질로 조직을 만들어 세포와 세포 사이를 붙여 줍니다.

7. 아미노산들은 ☐☐☐☐ 결합에 의해 큰 단백질을 만듭니다.

최근 새로운 아미노산이 주목을 받고 있습니다. 그것은 자연에 존재하는 아미노산과 구성 원자, 연결 모양이 똑같지만 좌우가 다른 아미노산입니다.

우리 몸을 구성하고 있는 단백질은 모두 한쪽 아미노산으로만 이루어져 있고, 반대쪽 아미노산은 자연계에는 존재하지 않습니다.

그러나 그 존재하지 않는 반대쪽의 아미노산이 인공 합성을 통해 신약의 원천이 됩니다. 물리, 화학적 특징은 같지만 한쪽 방향으로 진행하는 편광을 비출 때, 물질을 통과한 빛의 회전 방향이 달라서 광학 이성질체라고 부릅니다. 그리고 생체 반응은 대부분 단백질 효소에 의해 일어나는데, 효소는 어느 한쪽 광학 이성질체만 받아들입니다.

반면 자연 물질을 인공 합성하면 절반은 L형, 나머지 절반은 D형으로 만들 수 있습니다. 이 경우 어느 한쪽만 원하는 기능을 나타내고, 나머지 반쪽은 아무 기능이 없는 경우가 많습니다. 심하면 한쪽은 원하는 기능을, 다른 쪽은 완전히 반대 기능을 보이기도 합니다. 예를 들어 아미노산의 하나인 글루탐산의 경우 L형은 감칠맛을 내지만, D형은 신맛이 납니다. 그렇다면 원하는 쪽의 광학 이성질체만 골라낼 수 있을까요?

미국의 놀스(William Knowles) 박사는 파킨슨병 치료제로 쓰이는 아미노산 광학 이성질체를 합성해 내는 연구로 2001년 노벨 화학상을 받았습니다. 또 다른 수상자인 일본의 료지(Ryoji Noyori) 교수와 샤플리스(Barry Sharpless) 박사는 이성질체를 만드는 촉매를 개발하여 심장 질환 치료제인 글라이시돌을 개발해 냈습니다.

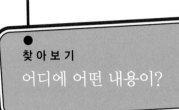

찾 아 보 기

어디에 어떤 내용이?